"A IA é a tecnologia mais revolucion
e Goldfarb não apenas entendem sua essência,
insights profundos sobre seus dilemas intrínsecos e implicações econômicas. Se quiser limpar a névoa da euforia da inteligência artificial e ver claramente a natureza dos desafios e oportunidades da IA para a sociedade, seu primeiro passo deve ser ler este livro."

— ERIK BRYNJOLFSSON, professor do MIT; autor de *A Segunda Era das Máquinas* e *Machine, Platform, Crowd*

"*Máquinas Preditivas* é leitura obrigatória para líderes empresariais, formuladores de políticas, economistas, estrategistas e qualquer pessoa que queira entender as implicações da IA para projetar estratégias de negócios, decisões e como a IA impactará nossa sociedade."

— RUSLAN SALAKHUTDINOV, professor da Carnegie Mellon; diretor de pesquisa em IA da Apple

"Encontro muitas pessoas empolgadas com a IA, mas confusas. Este livro orientará os que estão perdidos, dando-lhes uma estrutura prática."

— SHIVON ZILIS, diretora da OpenAI e sócia da Bloomberg Beta

"A atual revolução da IA provavelmente resultará em abundância, mas o processo para alcançá-la requer deliberação sobre tópicos difíceis, que incluem o aumento do desemprego e a disparidade de renda. Este livro apresenta estruturas que permitem aos tomadores de decisão compreenderem profundamente as forças em ação."

— VINOD KHOSLA, Khosla Ventures; CEO fundador da Sun Microsystems

"O que a IA significa para o seu negócio? Leia este livro para descobrir."

— HAL VARIAN, economista-chefe do Google

"A IA vai transformar sua vida. E *Máquinas Preditivas* transformará sua compreensão da IA. Este é o melhor livro de todos os tempos sobre o que pode ser a melhor tecnologia que já surgiu."

—LAWRENCE H. SUMMERS, professor da Charles W. Eliot; ex-reitor da Universidade de Harvard; ex-secretário do Tesouro dos EUA e ex-economista-chefe do Banco Mundial

"*Máquinas Preditivas* é um livro inovador, que se concentra no que estrategistas e gerentes realmente precisam saber sobre a revolução da IA. Partindo de uma perspectiva realista e fundamentada sobre tecnologia, o livro usa princípios de economia e estratégia para entender como empresas, setores e gerenciamento serão transformados pela IA."

— SUSAN ATHEY, professora de Economia da Tecnologia da Universidade de Stanford, ex-pesquisadora consultora da Microsoft Research, New England

"*Máquinas Preditivas* consegue um feito tão bem-vindo quanto único: uma pesquisa nítida e inteligível de aonde a inteligência artificial está nos levando separa a euforia da realidade, ao mesmo tempo em que oferece um fluxo constante de novos insights. Ele usa uma linguagem que os principais executivos e formuladores de políticas entenderão. Todo líder precisa ler este livro."

— DOMINIC BARTON, sócio-gerente global da McKinsey & Company

"Este livro torna a inteligência artificial mais fácil de entender, reformulando-a como uma commodity nova e barata — a predição. É um movimento brilhante. Achei o livro incrivelmente útil."

— KEVIN KELLY, editor executivo e fundador da Wired; autor de *Inevitável* e *What Technology Wants*

Máquinas Preditivas

AJAY AGRAWAL | JOSHUA GANS | AVI GOLDFARB

Máquinas Preditivas

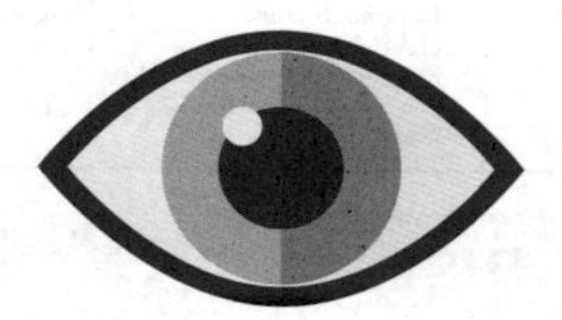

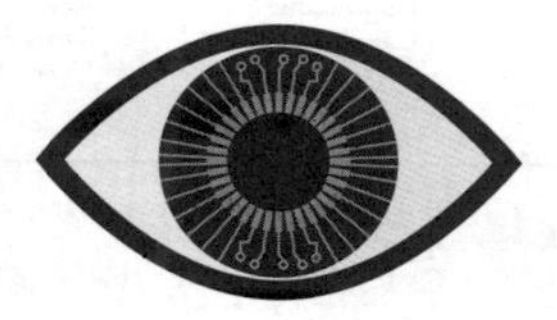

A Simples Economia da Inteligência Artificial

ALTA BOOKS
EDITORA
Rio de Janeiro, 2019

Máquinas Preditivas - A simples economia da inteligência artificial
Copyright © 2019 da Starlin Alta Editora e Consultoria Eireli. ISBN: 978-85-508-0373-9

Impresso no Brasil — 1ª Edição, 2018 — Edição revisada conforme o Acordo Ortográfico da Língua Portuguesa de 2009.

Obra disponível para venda corporativa e/ou personalizada. Para mais informações, fale com projetos@altabooks.com.br

Produção Editorial
Editora Alta Books

Gerência Editorial
Anderson Vieira

Produtor Editorial
Thiê Alves

Assistente Editorial
Adriano Barros

Produtor Editorial (Design)
Aurélio Corrêa

Marketing Editorial
Silas Amaro
marketing@altabooks.com.br

Editor de Aquisição
José Rugeri
j.rugeri@altabooks.com.br

Vendas Atacado e Varejo
Daniele Fonseca
Viviane Paiva
comercial@altabooks.com.br

Ouvidoria
ouvidoria@altabooks.com.br

Equipe Editorial
Aline Vieira
Bianca Teodoro
Ian Verçosa
Illysabelle Trajano
Juliana de Oliveira
Kelry Oliveira
Paulo Gomes
Thales Silva
Viviane Rodrigues

Tradução
Wendy Campos

Copidesque
Carolina Gaio

Revisão Gramatical
Thaís Pol
Hellen Suzuki

Revisão Técnica
Gabriel Campos
Engenheiro Eletrônico formado pelo Instituto Militar de Engenharia (IME)

Diagramação
Joyce Matos

Dados Internacionais de Catalogação na Publicação (CIP) de acordo com ISBD

A277m Agrawal, Ajay

Máquinas Preditivas: a simples economia da inteligência artificial / Ajay Agrawal, Joshua Gans, Avi Goldfarb ; traduzido por Wendy Campos. - Rio de Janeiro : Alta Books, 2018.
272 p. ; il. ; 14cm x 21cm.

Tradução de: Prediction Machines
Inclui índice.
ISBN: 978-85-508-0373-9

1. Inteligência artificial. I. Gans, Joshua. II. Goldfarb, Avi. III. Campos, Wendy. II. Título.

2018-1673 CDD 006.3
CDU 004.81

Elaborado por Vagner Rodolfo da Silva - CRB-8/9410

Rua Viúva Cláudio, 291 — Bairro Industrial do Jacaré
CEP: 20.970-031 — Rio de Janeiro (RJ)
Tels.: (21) 3278-8069 / 3278-8419
www.altabooks.com.br — altabooks@altabooks.com.br
www.facebook.com/altabooks — www.instagram.com/altabooks

Para nossas famílias, colegas, estudantes
e startups, que nos inspiraram a pensar com clareza
e profundidade em inteligência artificial.

Sumário

Parte 3: Ferramentas

Parte 4: Estratégia

Parte 5: Sociedade

Sobre os Autores

AJAY AGRAWAL é professor de Gestão Estratégica e Peter Munk Professor de Empreendedorismo da Rotman School of Management, da Universidade de Toronto, e fundador do Creative Destruction Lab. Também é pesquisador associado do National Bureau of Economic Research, de Cambridge, Massachusetts, e cofundador dos programas de empreendedorismo The Next 36 e Next AI. Agrawal realiza pesquisas sobre estratégia de tecnologia, política científica, finanças empresariais e geografia da inovação, além de atuar nos conselhos editoriais do *Management Science, Strategic Management Journal* e *Journal of Urban Economics.* Ele apresentou sua pesquisa em várias instituições, incluindo a London School of Economics, a London Business School, a Universidade de Harvard, o MIT, o Brookings Institute e as Universidades de Stanford, Carnegie Mellon, Berkeley e Wharton. Agrawal é cofundador da empresa de IA/robótica Kindred. A missão da empresa é construir máquinas com inteligência semelhante à humana.

JOSHUA GANS é professor de Gestão Estratégica e catedrático de inovação técnica e empreendedorismo Jeffrey S. Skoll da Rotman School of Management, Universidade de Toronto. Joshua também é economista-chefe do Creative Destruction Lab, da Universidade de Toronto. Ele tem mais de 120 publicações acadêmicas revisadas por pares e é o editor (de estratégia) da *Management Science.* Também é autor de dois livros de sucesso e escreveu cinco livros populares, incluindo *Parentonomics* (2009), *Information Wants to Be Shared* (2012), *O Dilema da Disrupção* (2016) e *Scholarly Publishing and Its Discontents* (2017). Joshua é doutor em Economia pela Universidade de Stanford e, em 2008, foi agraciado com o Prêmio Jovem Economista da Sociedade Econômica da Austrália (o equivalente australiano da medalha John Bates Clark).

AVI GOLDFARB é Ellison Professor de Marketing da Rotman School of Management, Universidade de Toronto. Avi também é cientista-chefe de dados do Creative Destruction Lab, editor sênior da *Marketing Science* e pesquisador associado do National Bureau of Economic Research. A pesquisa da Avi enfoca as oportunidades e desafios da economia digital, com financiamento do Google, Industry Canada, Bell Canada, AIMIA, SSHRC, National Science Foundation, Sloan Foundation, entre outros. Este trabalho foi discutido em relatórios da Casa Branca, em depoimentos no Congresso, em documentos da Comissão Europeia, na *Economist*, no *Globe and Mail*, no *National Post*, na CBC Radio, na National Public Radio, na *Forbes*, na *Fortune*, na *Atlantic*, no *New York Times*, no *Financial Times*, no *Wall Street Journal* e em muitos outros. Goldfarb é doutor em Economia pela Universidade de Northwestern.

Agradecimentos

Expressamos nossos agradecimentos às pessoas que contribuíram para este livro com seu tempo, ideias e paciência. Em particular, agradecemos a Abe Heifets, da Atomwise; Liran Belanzon, da BenchSci; Alex Shevchenko, da Grammarly; Marc Ossip e Ben Edelman pelo tempo que nos dedicaram em entrevistas, assim como a Kevin Bryan, por seus comentários sobre o manuscrito geral.

Também agradecemos a nossos colegas pelas discussões e feedback, incluindo Nick Adams, Umair Akeel, Susan Athey, Naresh Bangia, Nick Beim, Dennis Bennie, James Bergstra, Dror Berman, Vincent Bérubé, Jim Bessen, Scott Bonham, Erik Brynjolfsson, Andy Burgess, Elizabeth Caley, Peter Carrescia, Iain Cockburn, Christian Catalini, James Cham, Nicolas Chapados, Tyson Clark, Paul Cubbon, Zavain Dar, Sally Daub, Dan Debow, Ron Dembo, Helene Desmarais, JP Dube, Candice Faktor, Haig Farris, Chen Fong, Ash Fontana, John Francis, April Franco, Suzanne Gildert, Adrianne Ghose, Ron Glozman, Ben Goertzel, Shane Greenstein, Kanu Gulati, John Harris, Deepak Hegde, Rebecca Henderson, Geoff Hinton, Tim Hodgson, Michael Hyatt, Richard Hyatt, Ben Jones, Chad Jones, Steve Jurvetson, Satish Kanwar, Danny Kahneman, John Kelleher, Moe Kermani, Vinod Khosla, Karin Klein, Darrell Kopke, Johann Koss, Katya Kudashkina, Michael Kuhlmann, Tony Lacavera, Allen Lau, Eva Lau, Yann LeCun, Mara Lederman, Lisha Li, Ted Livingston, Jevon MacDonald, Rupam Mahmood, Chris Matys, Kristina McElheran, John McHale, Sanjog Misra, Matt Mitchell, Sanjay Mittal, Ash Munshi, Michael Murchison, Ken Nickerson, Olivia Norton, Alex Oettl, David Ossip, Barney Pell, Andrea Prat, Tomi Poutanen,

Marzio Pozzuoli, Lally Rementilla, Geordie Rose, Maryanna Saenko, Russ Salakhutdinov, Reza Satchu, Michael Serbinis, Ashmeet Sidana, Micah Siegel, Dilip Soman, John Stackhouse, Scott Stern, Ted Sum, Rich Sutton, Steve Tadelis, Shahram Tafazoli, Graham Taylor, Florenta Teodoridis, Richard Titus, Dan Trefler, Catherine Tucker, William Tunstall-Pedoe, Stephan Uhrenbacher, Cliff van der Linden, Miguel Villas-Boas, Neil Wainwright, Boris Wertz, Dan Wilson, Peter Wittek, Alexander Wong, Shelley Zhuang e Shivon Zilis.

Agradecemos ainda a Carl Shapiro e Hal Varian por seu livro *Economia da Informação*, que serviu como fonte de inspiração ao nosso projeto. As equipes do Creative Destruction Lab e Rotman School têm sido fantásticas, especialmente Steve Arenburg, Dawn Bloomfield, Rachel Harris, Jennifer Hildebrandt, Anne Hilton, Justyna Jonca, Aidan Kehoe, Khalid Kurji, Mary Lyne, Ken McGuffin, Shray Mehra, Daniel Mulet, Jennifer O'Hare, Gregory Ray, Amir Sariri, Sonia Sennik, Kristjan Sigurdson, Pearl Sullivan, Evelyn Thomasos e toda a equipe do Lab e da Rotman. Agradecemos a nosso diretor, Macklem Tiff, por seu apoio entusiástico ao nosso trabalho sobre IA no Creative Destruction Lab e em toda a Rotman School. Obrigado também à liderança e equipe do The Next 36 e The Next AI. Também agradecemos a Walter Frick e Tim Sullivan pela fantástica edição, bem como a nosso agente, Jim Levine. Muitas das ideias do livro foram desenvolvidas a partir de pesquisas financiadas pelo Social Sciences and Humanities Research Council, do Canadá; pelo Vector Institute; pelo Canadian Institute for Advanced Research, sob a liderança de Alan Bernstein e Rebecca Finlay; e pela Sloan Foundation, com o apoio de Danny Goroff, através do fundo para Economics of Digitization, administrado por Shane Greenstein, Scott Stern e Josh Lerner. Somos gratos pelo apoio deles. Agradecemos também a Jim Poterba, por seu apoio à nossa conferência sobre economia de IA através do National Bureau of Economic Research. Por fim, agradecemos a nossas famílias, por sua paciência e contribuições durante esse processo: Gina, Amelia, Andreas, Rachel, Anna, Sam, Ben, Natalie, Belanna, Ariel e Annika.

1

Introdução

Inteligência de Máquina

Se o cenário a seguir não parecer familiar hoje, será em breve. Uma criança está fazendo lição de casa sozinha em outra sala. Você ouve uma pergunta: "Qual é a capital de Delaware?". O pai começa a pensar: *Baltimore... muito óbvio ... Wilmington... não é capital.* Mas, antes de concluir seu raciocínio, uma máquina chamada Alexa diz a resposta correta: "A capital de Delaware é Dover." Alexa é a inteligência artificial, ou IA, da Amazon, que interpreta a linguagem natural e fornece respostas a perguntas na velocidade da luz. Alexa substituiu o pai como fonte de informação onisciente aos olhos da criança.

A IA está em todo lugar. Está em nossos telefones, carros, experiências de compras, encontros, hospitais, bancos e em toda a mídia. Não é de se admirar que diretores, CEOs, vice-presidentes, gerentes, líderes de equipe, empreendedores, investidores, treinadores e formuladores de políticas estejam afoitos para saber mais sobre IA: todos percebem que ela está prestes a mudar seus negócios substancialmente.

Nós três observamos os avanços da IA de um ponto de vista distinto. Somos economistas que tiveram as carreiras construídas estudando a última grande revolução tecnológica: a internet. Durante anos de pesquisa, aprendemos a superar o entusiasmo para concentrarmo-nos no que a tecnologia significa para os tomadores de decisão.

Também fundamos o Creative Destruction Lab (CDL), um programa de formação que aumenta a probabilidade de sucesso de startups voltadas para a ciência. Inicialmente, o CDL era aberto a todos os tipos de startups; mas, em 2015, muitos dos empreendimentos mais interessantes eram empresas habilitadas para IA. Em setembro de 2017, o CDL tinha, pelo terceiro ano consecutivo, a maior concentração de startups de IA de todos os programas do mundo.

Como resultado, muitos líderes no campo viajavam regularmente para Toronto para participar do CDL. Por exemplo, um dos principais inventores do mecanismo de inteligência artificial que impulsiona a Alexa, da Amazon, William Tunstall-Pedoe, voava para Toronto a cada oito semanas de Cambridge, na Inglaterra, para se juntar a nós durante toda a duração do programa. Assim como Barney Pell, cuja base de pesquisa é São Francisco, que já liderou na NASA uma equipe de 85 pessoas que tripulou a primeira IA no espaço profundo.

O domínio do CDL nessa área resultou, em parte, de nossa localização em Toronto, em que muitas das invenções centrais — em um campo chamado de "aprendizado de máquina" — que impulsionaram o recente interesse pela IA foram semeadas e cultivadas. Especialistas que anteriormente atuavam no departamento de ciência da computação da Universidade de Toronto lideram hoje várias das principais equipes de IA industrial do mundo, incluindo as do Facebook, Apple e Open AI, de Elon Musk.

Estar tão perto de tantas *aplicações* de IA nos forçou a focar como essa tecnologia afeta a estratégia de negócios. Como explicaremos, a IA é uma tecnologia de predições, que são insumos para a tomada de decisões, e a economia fornece uma estrutura perfeita para entender as concessões mútuas subjacentes a qualquer decisão. Então, com sorte e um pouco de planejamento, encontramo-nos no lugar certo, na hora certa, para formar uma ponte entre o tecnólogo e o profissional de negócios. O resultado é este livro.

Nossa primeira percepção importante é que a nova onda de inteligência artificial na verdade não nos traz inteligência, mas sim seu componente crucial — a *predição.* O que Alexa fez quando a criança a questionou foi captar os sons que ouvia e prever quais eram as palavras ditas, e em seguida prever quais informações aquelas palavras buscavam. Alexa não "conhece" a capital de Delaware. Mas é capaz de prever que quando as pessoas fazem essa pergunta, procuram uma resposta específica: "Dover."

Cada startup em nosso laboratório é baseada na exploração dos benefícios de uma melhor predição. A Deep Genomics aprimora a prática da medicina prevendo o que acontecerá em uma célula quando o DNA for alterado. A Chisel aprimora a prática do Direito, prevendo quais partes de um documento deve ocultar ou remover. A Validere aprimora a eficiência da transferência de custódia de petróleo, prevendo o teor de água do petróleo bruto. Essas aplicações são um microcosmo do que a maioria das empresas fará no futuro próximo.

Se está confuso tentando descobrir o que IA representa para você, podemos ajudá-lo a entender suas implicações e a navegar pelos avanços dessa tecnologia, mesmo que você nunca tenha programado uma rede neural convolucional ou estudado estatísticas bayesianas.

Se você é líder de negócios, fornecemos uma compreensão do impacto da IA no gerenciamento e nas decisões. Se é estudante ou recém-formado, nós lhe damos uma estrutura para pensar sobre a evolução dos empregos e as carreiras do futuro. Se é analista financeiro ou capitalista de risco, oferecemos uma estrutura sobre a qual você pode desenvolver suas teses de investimento. Se é formulador de políticas, damos a você diretrizes para entender como a IA provavelmente mudará a sociedade e como a política poderá conduzir essas mudanças da melhor forma possível.

A economia fornece uma base bem estabelecida para entender a incerteza e o que isso significa para a tomada de decisões. Tendo em vista que uma melhor predição reduz a incerteza, usamos a economia para dizer o que a IA significa para as decisões que você toma no curso de sua atividade. Isso, por sua vez, fornece insights sobre quais ferramentas de inteligência artificial provavelmente proporcionarão o mais alto retorno sobre o investimento para os fluxos de trabalho dentro de sua empresa.

O que, por sua vez, leva a uma estrutura para projetar estratégias de negócios, por exemplo, repensando a escala e o escopo de seu negócio para explorar as novas realidades econômicas baseadas em uma predição barata. Por fim, apresentamos os principais dilemas associados à IA no que tange ao emprego, à concentração do poder corporativo, à privacidade e à geopolítica.

Quais predições são importantes para seu negócio? Como os avanços na IA mudarão as predições em que você confia? Como seu setor redesenhará o sistema de trabalho em resposta aos avanços na tecnologia de predição, assim como as indústrias reconfiguraram os empregos com a ascensão do computador pessoal e, depois, da internet? A IA é nova e ainda pouco compreendida, mas o arcabouço econômico para avaliar as implicações de uma queda no custo da predição é sólido; embora os exemplos que usamos sejam certamente datados, a estrutura deste livro não é. Os conceitos continuarão válidos à medida que a tecnologia se aprimorar e as predições se tornarem mais precisas e complexas.

Máquinas Preditivas não é uma receita para o sucesso na economia da IA. Em vez disso, enfatizamos as *concessões* ou *dilemas* exigidos. Mais dados significam menos privacidade. Mais velocidade significa menos precisão. Mais autonomia significa menos controle. Não prescrevemos a melhor estratégia para seu negócio. Esse trabalho é seu. A melhor estratégia para sua empresa, carreira ou país dependerá de como você pesa cada lado do dilema. Este livro fornece uma estrutura para identificar as principais compensações e avaliar os prós e contras para alcançar a melhor decisão para você. É claro que, mesmo com nossa estrutura em mãos, você descobrirá que as coisas estão mudando rapidamente. Precisará tomar decisões sem todas as informações que deseja, mas isso geralmente será melhor que a dúvida.

PONTOS PRINCIPAIS

- A nova onda de inteligência artificial na verdade não nos traz inteligência, mas sim seu componente crucial — a *predição*.
- A predição é o principal componente da tomada de decisões. A economia tem uma estrutura bem desenvolvida para entender a tomada de decisões. As novas e mal compreendidas implicações dos avanços na tecnologia de predição podem ser combinadas com a velha e bem compreendida lógica da teoria da decisão, emprestada da economia, para fornecer uma série de insights que ajudam a planejar a abordagem de sua organização em relação à inteligência artificial.
- Nem sempre existe uma única resposta correta para a questão de qual é a melhor estratégia de inteligência artificial ou o melhor conjunto de técnicas, porque IAs envolvem concessões: mais velocidade, menos precisão; mais autonomia, menos controle; mais dados, menos privacidade. Fornecemos a você um método para identificar os dilemas associados a cada decisão utilizando a IA, para que avalie os dois lados de cada dilema à luz da missão e dos objetivos de sua organização e, então, tome a melhor decisão.

2

Ser Barato Muda Tudo

Todos tiveram ou terão em breve um *momento IA*. Estamos acostumados a uma mídia saturada de histórias de novas tecnologias que mudarão nossas vidas. Enquanto alguns de nós são tecnófilos e celebram as possibilidades do futuro, e outros são tecnofóbicos que lamentam os bons tempos de outrora, quase todos estamos tão acostumados ao constante frisson das novidades tecnológicas que entorpecidamente recitamos a máxima que diz que a única coisa imune à mudança é a própria mudança. Até que tenhamos nosso momento IA. É então que percebemos que essa tecnologia é diferente.

Alguns cientistas da computação experimentaram seu momento IA em 2012, quando uma equipe de estudantes da Universidade de Toronto obteve uma vitória tão impressionante na Image-Net, competição de reconhecimento visual de objetos, que no ano seguinte todos os principais finalistas utilizaram a então nova abordagem de "aprendizado profundo" para competir. O reconhecimento de objetos é mais do que apenas um jogo; ele permite que as máquinas "vejam".

Alguns CEOs de tecnologia experimentaram seu momento IA quando leram, em janeiro de 2014, a manchete sobre o Google ter pagado mais de US$600 milhões para adquirir a DeepMind, sediada no Reino Unido; embora a startup tenha gerado uma receita insignificante comparada ao preço de compra, foi capaz de demonstrar que sua inteligência artificial havia aprendido — por conta própria, sem ser programada — a jogar certos videogames da Atari com desempenho super-humano.

Alguns cidadãos comuns experimentaram seu momento IA naquele mesmo ano, quando o renomado físico Stephen Hawking explicou enfaticamente: "Tudo o que a civilização tem a oferecer é um produto da inteligência humana... O sucesso na criação da IA seria o maior evento da história da humanidade."[1]

Outros experimentaram seu momento IA na primeira vez que tiraram as mãos do volante de um Tesla em alta velocidade, deslocando-se pelo tráfego usando o Autopilot AI.

O governo chinês experimentou seu momento IA quando presenciou a IA da DeepMind, a AlphaGo, derrotando Lee Sedol, um mestre sul-coreano no jogo de tabuleiro Go, e mais tarde naquele ano vencendo o melhor jogador do mundo, Ke Jie, da China. O *New York Times* descreveu essa partida como o "momento Sputnik" da China.[2] Assim como um gigantesco investimento norte-americano na ciência se seguiu ao lançamento do Sputnik pela União Soviética, a China respondeu a esse evento com uma estratégia nacional para dominar o mundo da IA até 2030 e um compromisso financeiro capaz de tornar essa afirmação plausível.

Nosso próprio momento IA surgiu em 2012, quando houve uma chuva, que rapidamente se tornou tempestade, de inscrições de startups de IA empregando técnicas de aprendizado de máquina de última geração no CDL. As aplicações abrangiam diversos setores — descoberta de medicamentos, atendimento ao cliente, manufatura, garantia de qualidade, varejo, equipamentos médicos etc. A tecnologia era poderosa e de interesse geral, criando valor significativo para uma ampla gama de aplicações. Começamos a trabalhar sabendo o que isso significava em termos econômicos. Sabíamos que a IA estaria sujeita à mesma economia que qualquer outra tecnologia.

A tecnologia em si é, simplesmente, incrível. Inicialmente, o famoso capitalista de risco Steve Jurvetson brincou: "Quase todo produto que você experimentar nos próximos cinco anos e que pareça mágica será quase certamente composto desses algoritmos."[3] A descrição de Jurvetson da IA como "mágica" ressoou a narrativa popular da IA em filmes como *2001: Uma Odisseia no Espaço, Guerra nas Estrelas, Blade Runner* e mais recentemente *Ela, Transcendência* e *Ex Machina*. Entendemos e até simpatizamos com a descrição de Jurvetson das aplicações de IA como mágicas. Mas, como economistas, nosso trabalho é pegar ideias aparentemente mágicas e torná-las simples, claras e práticas.

Dissipando a Euforia

Os economistas veem o mundo de maneira diferente da maioria das pessoas. Vemos tudo através de uma estrutura governada por forças como oferta e demanda, produção e consumo, preços e custos. Embora os economistas frequentemente discordem uns dos outros, nós o fazemos no contexto de uma estrutura comum. Argumentamos sobre suposições e interpretações, não sobre conceitos fundamentais, como os papéis da escassez e da concorrência na definição de preços. Essa abordagem ao enxergar o mundo nos dá um ponto de vista único. Do lado negativo, é mordaz e não nos torna muito populares em jantares. Do positivo, fornece uma clareza útil para informar decisões de negócios.

Vamos começar com o básico — preços. Quando o preço de um produto cai, usamos mais aquele produto. Isso é economia básica, e está acontecendo agora com a inteligência artificial. A IA está em toda parte — embutida nas aplicações de seu telefone, otimizando suas redes elétricas e substituindo seus gerentes de portfólio de ações. Em breve, elas poderão transportar você por aí ou enviar pacotes para sua casa.

Se os economistas são bons em uma coisa é em acabar com a euforia. Onde os outros veem inovações transformacionais, vemos uma simples queda no preço. Mas ela é mais do que isso. Para entender como a IA afetará sua organização, você precisa saber com precisão qual preço mudou e como essa mudança de preço se propagará pela economia como um todo. Só então você pode construir um plano de ação. A história econômica nos ensinou que o impacto das grandes inovações é frequentemente sentido nos lugares mais inesperados.

Pense na história da internet comercial em 1995. Enquanto a maioria de nós assistia a *Seinfeld*, a Microsoft lançava o Windows 95, seu primeiro sistema operacional multitarefa. Naquele mesmo ano, o governo dos EUA removeu as últimas restrições ao transporte de tráfego comercial na internet, e a Netscape — inventora do navegador — comemorou a primeira grande oferta pública inicial (IPO) da internet comercial. Isso marcou um ponto de inflexão quando a internet passou de uma curiosidade tecnológica para uma onda comercial que se dissiparia por toda a economia.

A IPO da Netscape valorizou a empresa em mais de US$3 bilhões, apesar de não ter gerado nenhum lucro significativo. Os investidores em capital de risco avaliavam as startups em milhões, mesmo que fossem, e esse era um novo termo, "pré-receita". Recém-formados em MBA recusaram empregos tradicionais lucrativos para apostar na web. À medida que os efeitos da internet começaram a se espalhar pelas indústrias e a subir e descer na cadeia de valor, os defensores da tecnologia pararam de se referir à internet como uma nova tecnologia e começaram a se referir a ela como a "Nova Economia". O termo pegou. A internet transcendeu a tecnologia e passou a permear a atividade humana em um nível fundamental. Políticos, executivos de empresas, investidores, empreendedores e grandes organizações de notícias começaram a usar o termo. Todos começaram a se referir à Nova Economia.

Todos, isto é, *exceto os economistas*. Não vimos uma Nova Economia. Para os economistas, parecia a velha economia de sempre. Sem dúvida, algumas importantes mudanças ocorreram. Bens e serviços poderiam ser distribuídos digitalmente. A comunicação ficou mais fácil. E você passou a encontrar informações com o clique de um botão. Mas tudo isso já era possível antes. O que mudou foi que agora isso havia tornado-se mais barato. A ascensão da internet representou a queda no custo de distribuição, comunicação e pesquisa. Reclassificar um avanço tecnológico como uma mudança de caro para barato ou de escasso para abundante é inestimável em termos de como isso afetará seus negócios. Por exemplo, se você se lembra da primeira vez que usou o Google, talvez se recorde do fascínio provocado pela capacidade aparentemente mágica de acessar informações. Do ponto de vista do economista, o Google tornou a busca barata. Quando as buscas se tornaram baratas, as empresas que ganhavam dinheiro vendendo buscas por outros meios (por exemplo, as Páginas Amarelas, agências de viagens e classificados) mergulharam em uma crise competitiva. Ao mesmo tempo, as empresas que dependiam de que as pessoas as encontrassem (por exemplo, autores de publicações independentes, vendedores de colecionáveis incomuns, cineastas locais) prosperaram.

Essa mudança nos custos relativos de certas atividades influenciou radicalmente os modelos de negócios de algumas empresas e até transformou algumas indústrias. No entanto, as leis econômicas não mudaram. Ainda podíamos entender tudo em termos de oferta e demanda, e definir estratégias, informar políticas e antecipar o futuro usando princípios econômicos disponíveis no mercado.

Barato Significa em Toda Parte

Quando o preço de algo fundamental cai drasticamente, o mundo inteiro muda. Considere a luz. É provável que você esteja lendo este livro sob algum tipo de luz artificial. Além disso, provavelmente nunca pensou a respeito do custo-benefício envolvendo a utilização da luz artificial para a leitura. A luz é tão barata que você a usa de forma negligente. Mas, como o economista William Nordhaus explorou meticulosamente, no início do século XIX o custo da mesma quantidade de luz seria 400 vezes maior do que agora.[4] A esse preço, você prestaria atenção ao custo e pensaria duas vezes antes de usar luz artificial para ler este livro. A queda subsequente no preço da luz iluminou o mundo. Não só transformou a noite em dia, mas nos permitiu viver e trabalhar em grandes edifícios em que a luz natural não poderia penetrar. Praticamente nada do que temos hoje seria possível se o custo da luz artificial não se reduzisse tanto.

A mudança tecnológica torna baratas as coisas que antes eram caras. O custo da luz caiu tanto que mudou nosso comportamento, que antes era o de analisar cuidadosamente a necessidade do uso para o ponto em que não pensamos, nem por um segundo, antes de ligar um interruptor. Essas quedas significativas de preços criam oportunidades para fazer o que nunca fizemos; tornam o impossível possível. Assim, os economistas são, como seria de se esperar, obcecados pelas implicações das quedas maciças nos preços de insumos básicos como a luz.

Alguns dos impactos da produção de luz mais barata eram fáceis de imaginar e outros, nem tanto. O que é afetado quando uma nova tecnologia torna algo barato nem sempre é óbvio, seja a tecnologia a luz artificial, a energia a vapor, os automóveis ou a computação.

Tim Bresnahan, economista de Stanford e um dos nossos mentores, apontou que os computadores fazem aritmética e nada mais. O advento e a comercialização de computadores tornaram a aritmética barata.[5] Quando se tornou barata, não apenas passamos a usá-la mais para aplicações tradicionais de aritmética, como também a usamos para aplicações que não eram tradicionalmente associadas a ela, como a música.

Aclamada como a pioneira da programação, Ada Lovelace foi a primeira a ver esse potencial. Trabalhando sob uma luz muito cara no início dos anos 1800, escreveu o primeiro programa gravado para calcular uma série de números (os números de Bernoulli) em um computador, ainda teórico, projetado por Charles Babbage. Babbage também era economista, e, como veremos neste livro, essa não foi a única vez que a economia e a ciência da computação se cruzaram. Lovelace vislumbrou que a aritmética poderia, para usar linguagem moderna de inicialização, "escalar" e permitir muito mais. Ela percebeu que as aplicações de computadores não se limitavam a operações matemáticas: "Supondo, por exemplo, que as relações fundamentais dos sons agudos na harmonia e composição musical fossem suscetíveis a essas expressões e adaptações, o mecanismo poderia compor peças elaboradas e científicas de música de qualquer complexidade."[6] Nenhum computador havia sido inventado ainda, mas Lovelace conjecturou que uma máquina aritmética seria capaz de armazenar e reproduzir música — uma forma vinculada à definição de arte e humanidade.

Foi exatamente o que ocorreu. Quando, um século e meio depois, o custo da aritmética baixou o suficiente, havia milhares de aplicações para ela jamais sonhadas. A aritmética foi uma contribuição tão importante para tantas áreas que, quando se tornou barata, como a luz, antes dela, mudou o mundo. Resumir algo a termos puramente financeiros é uma maneira de dissipar a euforia, embora não torne a fantástica nova tecnologia mais atraente. Você nunca veria Steve Jobs anunciar "uma nova máquina de calcular", embora seja exatamente o que ele fez. Ao reduzir o custo de algo importante, as novas máquinas de calcular de Jobs foram revolucionárias.

Isso nos leva à IA. A inteligência artificial será economicamente significativa exatamente porque tornará algo importante muito mais barato. Neste momento, você pode estar pensando em intelecto, raciocínio ou pensamento em si. Pode estar imaginando robôs ou seres não corpóreos por toda parte, como os amigáveis computadores de *Jornada nas Estrelas*, permitindo a você evitar a tarefa de pensar. Lovelace teve o mesmo pensamento, mas rapidamente o descartou. Pelo menos no que diz respeito ao computador, ela escreveu: "Não havia pretensões de originar qualquer coisa. Ele pode fazer tudo o que sabemos fazer. Pode seguir a análise; mas não tem poder de antecipar quaisquer relações ou verdades analíticas."[7]

Apesar de toda a euforia e a bagagem que acompanha a noção de IA, o que Alan Turing mais tarde chamou de "Objeção de Lady Lovelace" ainda permanece. Os computadores ainda não conseguem pensar, então o pensamento não está prestes a se tornar barato. No entanto, o que passará a ser barato é algo tão comum que, como a aritmética, você provavelmente nem está ciente do quanto é onipresente e do quanto uma queda em seu preço pode afetar nossas vidas e economia.

O que as novas tecnologias IA tornarão tão barato? A *predição*. Portanto, como a economia nos diz, não só vamos começar a usar muito mais predição, mas vamos vê-la emergir em novos lugares surpreendentes.

O Barato Gera Valor

A predição é o processo de preenchimento de informações ausentes. Ela usa as informações disponíveis, geralmente chamadas de "dados", e as usa para gerar informações que você não tem. Muitas discussões sobre IA enfatizam a variedade de técnicas de predição usando nomes e rótulos cada vez mais obscuros: classificação, agrupamento, regressão, árvores de decisão, inferência bayesiana, redes neurais, análise de dados topológica, aprendizado profundo, aprendizado por reforço, aprendizado profundo por reforço, redes de cápsula e assim por diante. As técnicas são importantes para os tecnólogos interessados em implementar a IA para um problema particular de predição.

Neste livro, poupamos os detalhes da matemática por trás dos métodos. Ressaltamos que cada um desses métodos trata de predição: usando informações que você tem para gerar informações que não tem. Nós nos concentramos em ajudá-lo a identificar situações em que a predição será valiosa e, em seguida, como extrair o máximo proveito possível dela.

Predição mais barata significará mais predições. Isso é economia básica: quando o custo de alguma coisa cai, nós a usamos mais. Por exemplo, quando a indústria de computadores começou a decolar, na década de 1960, e o custo da aritmética começou a cair rapidamente, usamos mais aritmética em aplicações em que ela já era utilizada, como no US Census Bureau, no Departamento de Defesa dos EUA e na NASA (recentemente retratada no filme *Estrelas Além do Tempo*). Mais tarde, começamos a usar a aritmética recém-barateada em problemas que *não eram* tradicionalmente aritméticos, como a fotografia. Enquanto antes resolvíamos o problema da fotografia com a química, quando a aritmética se tornou barata o suficiente, fizemos a transição para uma solução baseada em aritmética: câmeras digitais. Uma imagem digital é apenas uma cadeia de zeros e uns que podem ser reagrupados em uma imagem visível usando aritmética.

O mesmo vale para a predição. Ela está sendo usada para tarefas tradicionais, como gerenciamento de estoques e predição de demanda. Mais significativamente, porque está se tornando mais barata, está sendo usada para problemas que não eram tradicionalmente problemas de predição. Kathryn Howe, da Integrate.ai, chama a capacidade de ver um problema e reformulá-lo como um problema de predição de "Insight de IA" e, hoje, engenheiros de todo o mundo começaram a adotá-lo. Por exemplo, estamos transformando o transporte em um problema de predição. Veículos autônomos existem em ambientes controlados há mais de duas décadas. No entanto, estavam limitados a locais com plantas detalhadas, como fábricas e armazéns. As plantas dos andares significavam que os engenheiros poderiam projetar seus robôs para se orientarem com a inteligência lógica básica "se-então": se uma pessoa caminhar na frente do veículo, então pare. Se a prateleira estiver vazia, passe para a próxima. No entanto, ninguém poderia usar esses veículos em uma rua típica de cidade. Muitas coisas podem acontecer — muitos "ses" para ser possível codificar.

Os veículos autônomos não poderiam funcionar fora de um ambiente altamente previsível e controlado — até que os engenheiros reformulassem a orientação como um problema de predição. Em vez de dizer à máquina o que fazer em cada circunstância, os engenheiros reconheceram que poderiam se concentrar em um único problema de predição: *o que um humano faria?* Agora, as empresas estão investindo bilhões de dólares em máquinas de treinamento para dirigir autonomamente em ambientes não controlados, mesmo nas ruas e rodovias da cidade.

Imagine uma IA sentada no carro com um motorista humano. Os humanos percorrem milhões de quilômetros, recebendo dados sobre o ambiente através de seus olhos e ouvidos, processando esses dados com seu cérebro humano e, em seguida, agindo em resposta a eles: dirija em linha reta ou vire; freie ou acelere. Os engenheiros dão à IA seus próprios olhos e ouvidos equipando o carro com sensores (por exemplo, câmeras, radar, laser). Assim, a IA observa os dados recebidos com impulsos, como os humanos, e observa simultaneamente as ações do ser humano. Quando dados ambientais específicos chegam, o ser humano vira à direita, freia ou acelera? Quanto mais a IA observar uma pessoa, melhor será a predição da ação específica que o motorista tomará, tendo em vista os dados ambientais recebidos. A IA aprende a dirigir, prevendo o que um motorista humano faria, consideradas as condições específicas da estrada.

Fatalmente, quando um insumo como a predição se torna barato, o valor de outras coisas pode aumentar. Economistas chamam isso de "complementos". Assim como uma queda no custo do café aumenta o valor do açúcar e do leite, para os veículos autônomos, uma queda no custo da predição aumenta o valor dos sensores para capturar dados nos arredores do veículo. Por exemplo, em 2017, a Intel pagou mais de US$15 bilhões pela startup israelense Mobileye, principalmente por sua tecnologia de coleta de dados que permite que os veículos vejam efetivamente objetos (sinais de parada, pessoas etc.) e marcações (pistas, estradas).

Quando a predição for barata, haverá mais predição e mais complementos para ela. Essas duas forças econômicas simples impulsionam as novas oportunidades criadas pelas máquinas preditivas. Em pequena escala, uma máquina preditiva alivia os seres humanos de tarefas preditivas e, assim, economiza custos. À medida que a máquina é aprimorada, a predição pode mudar e melhorar a qualidade da tomada de decisões. Mas, em algum momento, uma máquina preditiva pode se tornar tão precisa e confiável que mudará a forma como uma organização faz as coisas. Algumas IAs afetarão a economia de um negócio de forma tão drástica que não serão mais usadas para aumentar a produtividade de acordo com uma estratégia; mudarão a estratégia em si.

Do Barato à Estratégia

A pergunta mais comum que os executivos nos fazem é: "Como a IA afetará nossa estratégia de negócios?" Usamos um exercício de raciocínio para responder a essa questão. A maioria das pessoas está familiarizada com compras na Amazon. Como na maioria dos varejistas online, você visita o site, compra itens, coloca-os em seu carrinho, paga por eles e, em seguida, a Amazon os envia para você. Nesse momento, o modelo de negócios da Amazon é de compra e envio.

Durante o processo de compra, a IA da Amazon oferece sugestões de itens que prevê que lhe possam interessar. A IA faz um trabalho razoável. No entanto, está longe de ser perfeito. No nosso caso, a IA predetermina com precisão o que queremos comprar cerca de 5% das vezes. Na verdade, compramos cerca de 1 a cada 20 itens que ela recomenda. Considerando os milhões de itens em oferta, não é nada mal!

Imagine que a IA da Amazon colete mais informações sobre nós e use esses dados para melhorar suas predições, uma melhoria semelhante a ativar o botão de volume de um alto-falante. Mas, em vez de aumentar o volume, aumenta a precisão da predição da IA.

Em algum momento, ao girar o botão, a precisão da predição da IA ultrapassará um limiar, alterando o modelo de negócios da Amazon. A predição pode se tornar tão precisa a ponto de ser mais lucrativo para a Amazon enviar os itens que prevê que você gostaria de comprar, em vez de esperar que os solicite.

Com isso, você não precisará recorrer a outros varejistas, e o fato de o item estar lá pode motivá-lo a comprar mais. A Amazon ganha uma parcela maior de carteira. Claramente, isso é ótimo para a Amazon, mas também para você. A Amazon envia o produto antes de você comprar e, se tudo correr bem, poupa-lhe até a tarefa de fazer as compras. A ativação do "botão" de predição alteraria o modelo de negócios da Amazon de "compras depois envio" para "envio depois compras".

É claro que os compradores não gostariam de lidar com o incômodo de devolver todos os itens que não desejam. Então, a Amazon investiria em uma infraestrutura para o retorno do produto, talvez uma frota de caminhões, como os de entrega, que façam a retirada uma vez por semana, convenientemente coletando os itens que os clientes não querem.[8]

Se esse é um modelo de negócios melhor, por que a Amazon ainda não o utiliza? Porque, se implementado hoje, o custo de coleta e manuseio de itens devolvidos superaria o aumento na receita advindo de uma fatia maior da carteira. Por exemplo, hoje devolveríamos 95% dos itens enviados. Isso é irritante para nós, clientes, e caro para a Amazon. A predição não é boa o suficiente para que a empresa adote o novo modelo.

Podemos imaginar um cenário em que a Amazon adote a nova estratégia *antes* mesmo de a precisão da predição ser boa o bastante para torná-la lucrativa, porque a empresa *antecipa* que em algum momento ela será. Ao lançar o sistema mais cedo, a IA da Amazon obterá mais dados mais cedo e melhorará mais rapidamente. A Amazon percebe que quanto mais cedo começar, mais difícil será para os concorrentes a alcançarem. Melhores predições atrairão mais compradores, mais compradores gerarão mais dados para treinar a IA, mais dados levarão a melhores predições, e assim por diante, criando um ciclo virtuoso. Adotar o sistema cedo demais pode ser caro, mas adotá-lo tarde demais pode ser fatal.[9]

Não estamos querendo dizer que a Amazon vá ou deva fazer isso, embora os leitores céticos possam se surpreender ao saber que a Amazon obteve uma patente norte-americana para "envios antecipados" em 2013.[10] Em vez disso, a percepção evidente é que girar o "botão" de predição tem um impacto significativo na estratégia. Nesse exemplo, isso muda o modelo de negócios da Amazon de "compras depois envio" para "envio depois compras", gera o incentivo para integrar verticalmente a operação de um serviço de devolução de produtos (incluindo uma frota de caminhões) e acelera o tempo de investimento. Tudo isso se deve simplesmente ao acionamento do "botão" na máquina preditiva.

O que isso significa para a estratégia? Primeiro, você deve investir na coleta de informações sobre o quanto de rapidez e melhoria o "botão" na máquina preditiva levará para seu setor e aplicações. Segundo, você deve investir no desenvolvimento de uma tese sobre as opções estratégicas criadas ao girar o botão.

Para iniciar esse exercício de "ficção científica", feche os olhos e imagine-se girando o botão de amplificação de sua máquina preditiva até o máximo.

O Plano para o Livro

Você precisa construir os alicerces antes que as implicações estratégicas das máquinas preditivas se tornem evidentes para sua organização. É exatamente assim que estruturamos este livro, construindo uma pirâmide a partir do zero.

Colocamos as bases na Parte 1 e explicamos como o aprendizado de máquina torna a *predição* melhor. Passamos ao motivo pelo qual esses novos avanços são diferentes das análises estatísticas que você aprendeu na escola ou que seus analistas já realizam. Em seguida, consideramos um complemento essencial para a predição, os dados, especialmente os tipos necessários para fazer boas predições, e como saber se seus dados são adequados. Por fim, analisamos quando as máquinas preditivas têm melhor desempenho que os humanos e quando estes e as máquinas podem trabalhar juntos para uma precisão preditiva ainda melhor.

Na Parte 2, descrevemos o papel da predição como um elemento da *tomada de decisão* e explicamos a importância de outro componente até agora negligenciado pela comunidade de IA: a ponderação. A predição facilita as decisões reduzindo a incerteza, e a ponderação atribui valor. No jargão dos economistas, ponderação é a habilidade de determinar um pagamento, utilidade, recompensa ou lucro. A implicação mais significativa das máquinas preditivas é que aumenta o valor da ponderação.

Assuntos práticos são o foco da Parte 3. As ferramentas de IA tornam as máquinas preditivas úteis e são implementações projetadas para executar uma tarefa específica. Descrevemos três etapas que o ajudarão a descobrir quando criar (ou comprar) uma ferramenta de IA gerará um maior ROI. Às vezes, essas ferramentas se encaixam perfeitamente em um fluxo de trabalho existente; outras motivam redesenhá-lo. Ao longo do caminho, apresentamos uma ajuda importante para especificar os principais recursos de uma ferramenta de IA: a tela da IA.

Na Parte 4, partimos para a *estratégia*. Como descrevemos em nosso exercício de raciocínio na Amazon, algumas IAs terão um efeito tão profundo na economia de uma tarefa que transformarão um negócio ou indústria. É aí que a IA se torna a pedra angular da estratégia de uma organização. As IAs que têm um impacto na estratégia passam a atrair a atenção da equipe executiva e não mais apenas de gerentes de produto e engenheiros de operações. Às vezes, é difícil dizer antecipadamente quando uma ferramenta terá um efeito tão poderoso. Por exemplo, poucas pessoas previram, quando tentaram pela primeira vez, que a ferramenta de busca do Google transformaria a indústria de mídia e se tornaria a base de uma das empresas mais valiosas do mundo.

Além das oportunidades de lucro, a IA representa riscos sistêmicos, que afetam sua empresa a menos que tome ações preventivas. A discussão popular se concentra nos riscos que a IA representa para a humanidade, mas as pessoas prestam muito menos atenção aos perigos para as empresas. Por exemplo, algumas máquinas treinadas em dados gerados por humanos já "aprenderam" vieses e estereótipos traiçoeiros.

Terminamos o livro na Parte 5 aplicando o arcabouço de nossos economistas às perguntas que afetam a sociedade mais amplamente, examinando cinco dos debates mais comuns da IA:

1. Ainda haverá empregos? *Sim.*
2. Isso gerará mais desigualdade? *Talvez.*
3. Algumas grandes empresas controlarão tudo? *Depende.*
4. Os países passarão a adotar políticas mais permissivas em detrimento de nossa privacidade e segurança para oferecer às empresas locais uma vantagem competitiva? *Alguns, sim.*
5. O mundo vai acabar? *Você ainda tem muito tempo para gerar valor com as informações deste livro.*

PONTOS PRINCIPAIS

- A economia oferece insights claros sobre as implicações comerciais da predição mais barata. As máquinas preditivas serão usadas para tarefas tradicionais de predição (inventário e predição de demanda) e novos problemas (como navegação e tradução). A queda no custo da predição afetará o valor de outras coisas, aumentando o valor dos complementos (dados, ponderação e ação) e diminuindo o dos bens substitutos (predição humana).

- As organizações podem explorar máquinas preditivas adotando ferramentas de inteligência artificial para auxiliar na execução de sua estratégia atual. Quando essas ferramentas se tornarem poderosas, poderão motivar a mudança da própria estratégia. Por exemplo, se a Amazon pode prever o que as pessoas querem, então pode passar de um modelo de "compra depois envio" para um de "envio depois compra" — entregando as mercadorias nas casas antes que sejam encomendadas. Tal mudança transformará a organização.

- Como resultado das novas estratégias que as organizações buscam para tirar proveito da IA, nos depararemos com um novo conjunto de dilemas relacionados a como a IA impactará a sociedade. Nossas escolhas dependerão de nossas necessidades e preferências e, com certeza, serão diferentes em cada país e cultura. Nós estruturamos este livro em cinco partes para refletir cada camada de impacto da IA, construindo desde os fundamentos da predição até os dilemas (ou concessões) para a sociedade: (1) Predição, (2) Tomada de decisão, (3) Ferramentas, (4) Estratégia e (5) Sociedade.

PARTE 1

Predição

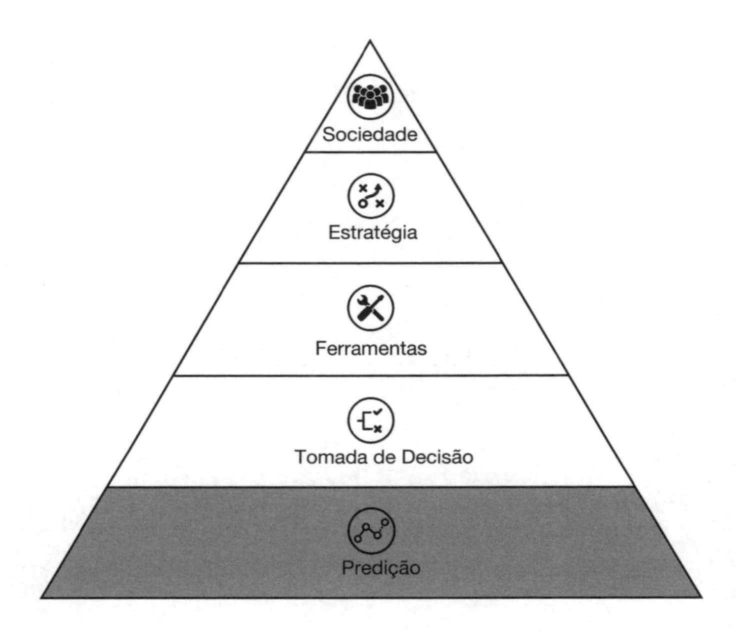

3

A Magia da Máquina Preditiva

O que *Harry Potter*, *Branca de Neve* e *Macbeth* têm em comum? Esses personagens são todos motivados por uma profecia, uma predição. Até mesmo em *Matrix*, um filme que aparentemente trata de máquinas inteligentes, a crença dos personagens humanos nas predições impulsiona o enredo. Da religião aos contos de fadas, o conhecimento do futuro é importante. As predições afetam o comportamento. Influenciam decisões.

Os antigos gregos reverenciavam seus muitos oráculos pela aparente capacidade de prever; às vezes, sob a forma de enigmas que ludibriavam os questionadores. Por exemplo, o rei Creso, de Lídia, estava considerando um ataque arriscado ao Império Persa. O rei não confiava em nenhum oráculo em particular, então decidiu testar cada um antes de pedir conselhos sobre o ataque à Pérsia. Ele enviou mensageiros para cada oráculo. Passados 100 dias da partida, os participantes deveriam perguntar aos vários oráculos o que Creso estava fazendo *naquele momento*. O oráculo de Delfos previu com maior precisão, então o rei solicitou seus serviços e confiou em sua profecia.[1]

Como no caso de Creso, as predições podem tratar do *presente*. Nós prevemos se uma transação de cartão de crédito em andamento é legítima ou fraudulenta, se um tumor em uma imagem médica é maligno ou benigno, se a pessoa que está olhando para a câmera do iPhone é a proprietária ou não. Apesar de sua raiz latina (*praedicere*, ou seja, dar a conhecer de antemão), nossa compreensão cultural de predição enfatiza a capacidade de conhecer informações que de outra forma permaneceriam ocultas, seja no passado, presente ou futuro. A bola de cristal é talvez o símbolo mais familiar da predição mágica. Enquanto associamos bolas de cristal a cartomantes prevendo a riqueza ou a vida amorosa futura de alguém, em *O Mágico de Oz*, a bola de cristal permitiu que Dorothy visse a tia Em no presente. Isso nos leva à nossa definição de predição:

PREDIÇÃO é o processo de preencher as informações ausentes. A predição usa as informações que você tem, geralmente chamadas de "dados", para gerar as que não tem.

A Magia da Predição

Vários anos atrás, Avi (um dos autores) notou uma transação vultosa e incomum em seu cartão de crédito feita em um cassino de Las Vegas. Ele não estava em Las Vegas. Só tinha estado lá uma vez, havia muito tempo; a aposta perdida no jogo não agrada a seu jeito economista de ver o mundo. Depois de uma longa conversa, seu provedor de cartão reverteu a transação e substituiu o cartão.

Recentemente, um problema semelhante ocorreu. Alguém havia usado o cartão de crédito de Avi para uma compra. Dessa vez, Avi não a viu em sua fatura e não teve que lidar com o meticuloso processo de explicar o ocorrido ao funcionário gentil, mas obstinado, do atendimento ao cliente. Em vez disso, recebeu uma ligação proativa informando que seu cartão havia sido comprometido e que um novo já estava no correio.

O provedor do cartão de crédito inferiu com precisão, com base nos hábitos de consumo de Avi e em uma miríade de outros dados disponíveis, que a transação era fraudulenta. A empresa de cartões de crédito estava tão confiante que nem mesmo bloqueou seu cartão por alguns dias enquanto investigava. Em vez disso, como mágica, enviou um cartão substituto sem que ele precisasse fazer nada. Claro, o provedor de cartão de crédito não tinha uma bola de cristal. Tinha dados e um bom modelo preditivo: uma máquina preditiva. Uma predição melhor permitiu reduzir a fraude ao mesmo tempo em que, como disse Ajay Bhalla, presidente de risco corporativo e segurança da empresa: "Resolve um grande problema do consumidor de ter o cartão indevidamente recusado."[2]

As aplicações corporativas estão bem alinhadas com nossa definição de predição, como o processo de preencher informações ausentes. As redes de cartões de crédito consideram útil saber se uma transação recente com o cartão é fraudulenta. Ela usa informações sobre transações fraudulentas (e não fraudulentas) do passado para prever se uma recente específica é fraudulenta. Em caso afirmativo, o provedor de cartão de crédito pode impedir futuras transações e, se a predição for feita com rapidez suficiente, talvez até mesmo a transação em andamento.

Essa noção — pegar informações de um tipo e transformá-las em informações de outro — é a essência de uma das principais realizações recentes da IA: a tradução de idiomas, um objetivo que existe ao longo de toda a civilização humana, até consagrado nas histórias milenares da Torre de Babel. Historicamente, a abordagem da tradução automática de línguas era contratar um linguista — um especialista em regras da língua — para identificar as regras e traduzi-las de uma maneira que pudessem ser programadas.[3] É assim, por exemplo, que é possível pegar uma frase em espanhol e, além de simplesmente substituir palavra por palavra, entender que é preciso trocar a ordem de substantivos e adjetivos para torná-la uma frase legível em português.

Os recentes avanços na IA, no entanto, nos permitiram reformular a tradução como um problema de predição. Podemos ver a natureza aparentemente mágica do uso da predição para tradução na mudança repentina na qualidade do serviço de tradução do Google. A obra de Ernest Hemingway, *As Neves do Kilimanjaro,* começa lindamente:

> Kilimanjaro é uma montanha coberta de neve com 19.710 pés de altura e é considerada a montanha mais alta da África.

Um dia, em novembro de 2016, ao traduzir uma versão em japonês do clássico conto de Hemingway para o inglês via Google, o professor Jun Rekimoto, cientista da computação da Universidade de Tóquio, leu:

> Kilimanjaro is 19,710 feet of the mountain covered with snow, and it is said that the highest mountain in Africa.
>
> [Kilimanjaro é 19.710 pés da montanha coberta de neve, e é dito que a montanha mais alta da África.]

No dia seguinte, a tradução do Google dizia:

> Kilimanjaro is a mountain of 19,710 feet covered with snow and is said to be the highest mountain in Africa.
>
> [Kilimanjaro é uma montanha de 19.710 pés coberta de neve e é considerada a montanha mais alta da África.]

A diferença era gritante. Durante a noite, a tradução passou de claramente automatizada e desajeitada para uma frase coerente; de alguém lutando com um dicionário para alguém fluente em ambas as línguas.

Evidentemente, não estava no nível de Hemingway, mas o aprimoramento foi extraordinário. Babel parecia ter retornado. E essa mudança não foi um acidente ou erro. O Google reformulou o mecanismo subjacente a seu produto de tradução para aproveitar os avanços recentes da IA de que tratamos aqui. Especificamente, o serviço de tradução do Google agora conta com aprendizado profundo para impulsionar a predição.

A tradução do inglês para o japonês significa prever as palavras e frases em japonês que correspondem ao inglês. A informação que falta ser prevista é o conjunto de palavras em japonês e a ordem em que devem aparecer. Extraia dados de uma língua estrangeira e preveja o conjunto correto de palavras na ordem correta em uma língua que você conhece, e então você poderá entender outra língua. Faça isso muito bem e parece que não houve tradução alguma.

As empresas não perderam tempo em disponibilizar essa tecnologia mágica para uso comercial. Por exemplo, mais de 500 milhões de pessoas na China já usam um serviço de aprendizado profundo desenvolvido pela iFlytek para traduzir, transcrever e se comunicar usando linguagem natural. Os proprietários de imóveis o utilizam para se comunicar com os inquilinos em outros idiomas; os pacientes de um hospital, para se comunicar com robôs em busca de orientações; os médicos, para relatar os detalhes de um paciente; e os motoristas, para se comunicar com seus veículos.[4] Quanto mais a IA é usada, mais dados coleta, mais aprende e mais se aprimora. Com tantos usuários, a IA está melhorando rapidamente.

O Quanto a Predição Está Melhor do que Costumava Ser?

As mudanças no Google Tradutor ilustram como o aprendizado de máquina (do qual o aprendizado profundo é um subcampo) reduziu drasticamente os custos da predição ajustada pela qualidade. Pelo mesmo custo em termos de capacidade computacional, o Google agora fornece traduções de alta qualidade. O custo de produzir a mesma qualidade de predição caiu significativamente.

As inovações na tecnologia de predição estão tendo um impacto nas áreas tradicionalmente associadas a ela, como a detecção de fraudes. A detecção de fraudes com cartões de crédito melhorou tanto que as empresas detectam e lidam com as fraudes antes que percebamos que algo está errado. Ainda assim, essa melhoria parece gradativa. No final da década de 1990, os principais métodos capturaram cerca de 80% das transações fraudulentas.[5] Essas taxas melhoraram para 90–95% em 2000 e para 98–99,9% hoje.[6] Esse último salto é resultado do aprendizado de máquina; a mudança de 98% para 99,9% foi transformacional.

Embora esse aumento de apenas 1,9% *pareça* incremental, pequenas mudanças são significativas quando os erros são caros. Uma melhoria de precisão de 85% para 90% significa que o erro diminui em um terço. Uma melhoria de 98% para 99,9% significa que os erros são reduzidos em 20 vezes. Uma melhoria de 20 já não parece mais incremental.

A queda no custo da predição está transformando muitas atividades humanas. Assim como as primeiras aplicações da computação eram usadas em problemas aritméticos familiares, como tabulações de censos e tabelas balísticas, muitas das primeiras aplicações de predição barata de aprendizado de máquina se voltaram a problemas clássicos de predição. Além da detecção de fraudes, incluíam qualidade de crédito, seguro de saúde e gerenciamento de estoque. A qualidade de crédito envolvia prever a probabilidade de alguém pagar um empréstimo. O seguro de saúde envolvia a predição de quanto um indivíduo gastaria com assistência médica. O gerenciamento de estoque envolvia a predição de quantos itens estariam em um depósito em um determinado dia.

Mais recentemente, surgiram classes inteiramente novas de problemas de predição. Muitas eram quase impossíveis antes dos recentes avanços na tecnologia de inteligência de máquina, incluindo identificação de objetos, tradução e descoberta de drogas. Por exemplo, o ImageNet Challenge é um concurso anual de alto nível para prever o nome de um objeto em uma imagem. Essa pode ser uma tarefa difícil, mesmo para os humanos. Os dados do ImageNet contêm mil categorias de objetos, incluindo muitas raças de cães e outras imagens semelhantes. Pode ser difícil distinguir entre um mastim tibetano e um cão montanhês de Berna, ou entre um cofre e uma fechadura de combinação. Os humanos cometem erros em cerca de 5% do tempo.[7]

Figura 3-1

Erro de classificação de imagem ao longo do tempo

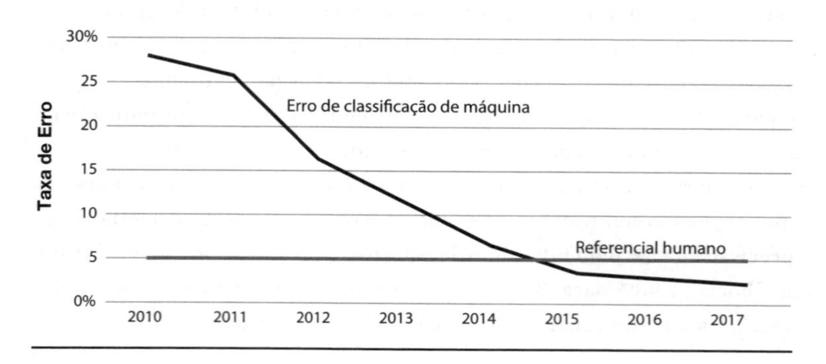

Entre o primeiro ano da competição, em 2010, e o teste final, em 2017, a predição ficou muito melhor. A Figura 3-1 mostra a precisão dos vencedores do concurso por ano. O eixo vertical mede a taxa de erro; então, quanto menor, melhor. Em 2010, as melhores predições de máquinas cometeram erros em 28% das imagens. Em 2012, os participantes usaram o aprendizado profundo (deep learning) pela primeira vez, e a taxa de erro caiu para 16%. Como observa Olga Russakovsky, professora e cientista da computação de Princeton: "2012 foi realmente o ano em que houve uma grande inovação em termos de precisão, mas também foi uma prova de conceito para os modelos de aprendizagem profunda, que existiam há décadas."[8] Rápidos aprimoramentos nos algoritmos se seguiram, e uma equipe superou o referencial humano na competição pela primeira vez em 2015. Em 2017, a maioria das 38 equipes se saiu melhor do que o referencial humano, e a melhor equipe teve menos da metade dos erros. As máquinas identificam esses tipos de imagem melhor que as pessoas.[9]

As Consequências da Predição Barata

A atual geração de IA está longe das máquinas inteligentes da ficção científica. A predição não cria o HAL, de *2001: Uma Odisseia no Espaço,* a Skynet, de *O Exterminador do Futuro,* ou o C3PO, de *Guerra nas Estrelas*. Se a IA moderna é apenas uma predição, por que gera tanto burburinho? A razão é porque a predição é um insumo fundamental. Você pode não perceber, mas ela está em toda parte. Nossas empresas e vidas pessoais estão repletas de predições. Muitas vezes, nossas predições estão escondidas como informações na tomada de decisão. Melhor predição significa melhor informação, o que significa melhor tomada de decisão.

A predição é "inteligência", no sentido usado pela espionagem, de "obtenção de informações úteis".[10] Predição de máquina é informação útil artificialmente gerada. Inteligência é importante. Melhores predições levam a melhores resultados, como ilustramos com o exemplo de detecção de fraudes. À medida que o custo da predição continua a cair, descobrimos seu uso para uma gama notavelmente ampla de atividades *adicionais* e, no processo, possibilitamos todo tipo de coisas, como a tradução da linguagem de máquina, que antes eram inimagináveis.

PONTOS PRINCIPAIS

- A predição é o processo de preenchimento de informações ausentes. Ela usa as informações que você tem, geralmente chamadas de "dados", para gerar informações que não tem. Além de gerar informações sobre o futuro, a predição gera informações sobre o passado e o presente. Isso acontece quando a predição classifica transações de cartão de crédito como fraudulentas, um tumor em uma imagem como maligno ou se a pessoa segurando um iPhone é a proprietária.
- O impacto de pequenas melhorias na precisão da predição pode ser enganoso. Por exemplo, uma melhoria de 85% para 90% de precisão parece mais de duas vezes maior do que de 98% para 99,9% (um aumento de 5 pontos percentuais em comparação a 2). No entanto, a melhoria anterior significa que os erros caem em um terço, enquanto a última significa que os erros caem 20 vezes. Em alguns cenários, erros reduzidos em 20 vezes são transformadores.
- O processo aparentemente sem graça de preencher informações ausentes faz com que as máquinas preditivas pareçam mágicas. Isso já acontece quando as máquinas veem (reconhecimento de objetos), se orientam (carros sem motorista) e traduzem.

4

Por que É Chamada de Inteligência

Em 1956, um grupo de acadêmicos se reuniu no Dartmouth College, em New Hampshire, para traçar um caminho de pesquisa para a inteligência artificial. Eles queriam descobrir se os computadores poderiam ser programados para se engajar em pensamentos cognitivos, atividades como jogar, provar teoremas matemáticos e coisas do tipo. Eles também pensaram cuidadosamente sobre o idioma e o conhecimento para que os computadores pudessem descrever as coisas. Seus esforços envolveram tentativas de oferecer escolhas aos computadores, e eles escolherem a melhor opção. Os pesquisadores estavam otimistas sobre o potencial da IA. Ao pedir recursos de financiamento para a Fundação Rockefeller, eles escreveram:

> O objetivo é tentar descobrir como fazer com que as máquinas usem linguagem, formem abstrações e conceitos, resolvam tipos de problemas agora reservados aos humanos e melhorem a si mesmas. Pensamos que um avanço significativo pode ser feito em um ou mais desses problemas se um grupo cuidadosamente selecionado de cientistas trabalhar em conjunto por um verão.[1]

Esse programa acabou sendo mais visionário do que prático. Entre outros desafios, os computadores da década de 1950 não eram rápidos o suficiente para fazer o que os estudiosos vislumbraram.

Depois dessa inovadora proposta de pesquisa, a IA apresentou um pequeno progresso inicial na tradução, mas mostrou-se lenta. O trabalho em IA em cenários muito específicos (por exemplo, um que criou um terapeuta artificial) não conseguiu se generalizar. O início da década de 1980 trouxe a esperança de que engenheiros pudessem programar cuidadosamente sistemas especialistas para reproduzir domínios que exigem habilidade, como diagnósticos médicos, mas eles eram caros de desenvolver, complicados e incapazes de lidar com a miríade de exceções e possibilidades, levando ao que ficou conhecido como "inverno da IA".

O inverno, no entanto, parece ter chegado ao fim. Mais dados, modelos melhores e computadores aprimorados permitiram que desenvolvimentos recentes em aprendizado de máquina melhorassem a predição. Melhorias na coleta e armazenamento de big data forneceram matéria-prima para novos algoritmos de aprendizado de máquina. Em comparação com suas contrapartes estatísticas mais antigas, e facilitadas pela invenção de processadores mais adequados, os novos modelos de aprendizado de máquina são significativamente mais flexíveis e geram melhores predições — tão melhores que algumas pessoas voltaram a descrever esse ramo da ciência da computação como "inteligência artificial".

Predizendo a Rotatividade

Melhores dados, modelos e computadores são a essência do progresso na predição. Para entender seu valor, vamos considerar um problema de predição de longa data: prever o que os profissionais de marketing chamam de "rotatividade de clientes". Para muitas empresas, os clientes são caros de adquirir e, portanto, perder clientes por rotatividade é caro. Uma vez adquiridos, as empresas podem capitalizar esses custos de aquisição reduzindo a rotatividade. Nos setores de serviços, como seguros, serviços financeiros e telecomunicações, gerenciar a rotatividade talvez seja a atividade de marketing mais importante. O primeiro passo para reduzir a rotatividade é identificar os clientes em risco. As empresas podem usar tecnologias de predição para fazer isso.

Historicamente, o método central para prever a rotatividade era uma técnica estatística chamada de "regressão". As pesquisas se concentraram no aprimoramento dessa técnica. Pesquisadores propuseram e testaram centenas de diferentes métodos de regressão em periódicos acadêmicos e na prática.

O que a regressão faz? Ela faz uma predição com base na média do que ocorreu no passado. Por exemplo, se tudo o que você tem que fazer para determinar se vai chover amanhã é recuperar o que aconteceu todos os dias na semana passada, seu melhor palpite pode ser uma média. Se choveu em dois dos últimos sete dias, você poderia prever que a probabilidade de chuva amanhã é de cerca de dois em sete, ou 29%. Muito do que sabemos sobre predição tem melhorado nossos cálculos da média construindo modelos que podem absorver mais dados sobre o contexto.

Fizemos isso usando algo chamado de "média condicional". Por exemplo, se você mora no norte da Califórnia, pode saber que a probabilidade de chuva depende da estação — baixa no verão e alta no inverno. Se observar que, durante o inverno, a probabilidade de chuva em qualquer dia é de 25%, enquanto no verão é de 5%, você não estimaria a que a probabilidade de chuva amanhã é a média — 15%. Por quê? Porque você sabe se amanhã é inverno ou verão e, assim, condicionaria sua estimativa.

Ajustar em função das estações é apenas uma maneira de condicionar as médias (embora seja uma das mais populares no comércio varejista). Podemos condicionar médias em relação à hora do dia, poluição, cobertura de nuvens, temperatura do oceano ou qualquer outra informação disponível.

É até mesmo possível condicionar várias coisas ao mesmo tempo: choverá amanhã se choveu hoje, é inverno, está chovendo a 300km a oeste, está ensolarado a 160km ao sul, o solo é úmido, a temperatura do Oceano Ártico é baixa, e o vento sopra do sudoeste a 24km por hora? No entanto, isso rapidamente fica bastante complexo. Calcular a média somente desses sete tipos de informação já cria 128 combinações diferentes. Adicionar mais tipos de informações cria mais combinações de forma exponencial.

Antes do aprendizado de máquina, a regressão multivariada forneceu uma maneira eficiente de condicionar várias coisas, sem a necessidade de calcular dezenas, centenas ou milhares de médias condicionais. A regressão pega os dados e tenta encontrar o resultado que minimiza os erros de predição, maximizando o que é chamado de "bondade de ajuste".

Felizmente, essa expressão é mais precisa em termos matemáticos do que de palavras. A regressão minimiza os erros de predição e pune mais os erros maiores do que os menores. É um método poderoso, especialmente com conjuntos de dados relativamente pequenos, e tem um bom senso do que será útil na predição. Para a rotatividade na televisão a cabo, pode ser a frequência com que as pessoas assistem à TV; se não estiverem usando sua assinatura de cabo, provavelmente, deixarão de assinar.

Além disso, os modelos de regressão aspiram a gerar resultados imparciais, portanto, com predições suficientes, na média, elas estarão precisamente corretas. Embora prefiramos predições neutras do que tendenciosas (que sistematicamente superestimam ou subestimam um valor, por exemplo), predições imparciais ainda não são perfeitas. Ilustramos esse ponto com uma velha piada de estatística:

> Um físico, um engenheiro e um estatístico viajam para caçar. Eles estão andando pela floresta quando avistam um cervo na clareira.
>
> O físico calcula a distância até o alvo, a velocidade e o declínio da bala, ajusta e dispara, errando o cervo por um metro e meio à esquerda.
>
> O engenheiro parece frustrado: "Você se esqueceu de contabilizar o vento. Dê isso aqui!" Depois de lamber um dedo para determinar a velocidade e direção do vento, o engenheiro pega o rifle e dispara, errando o cervo por um metro e meio à direita.
>
> De repente, sem disparar um tiro, o estatístico comemora: "U-huuu! Acertamos!"

Ser precisamente perfeito na média pode significar estar realmente errado todas as vezes. A regressão pode continuar errando em vários centímetros à esquerda ou à direita. Mesmo que a média seja a resposta correta, a regressão pode significar nunca realmente atingir o alvo.

Ao contrário da regressão, as predições de aprendizado de máquina podem estar erradas na média; mas, quando fracassam, geralmente não ficam muito longe. Estatísticos descrevem isso como permitir um viés em troca de reduzir a variância.

Uma diferença importante entre o aprendizado de máquina e a análise de regressão é a maneira como novas técnicas são desenvolvidas. Inventar um novo método de aprendizado de máquina envolve provar que ele funciona melhor na prática. Em contraste, inventar um novo método de regressão requer primeiro provar que funciona na teoria. O foco em trabalhar na prática deu aos inovadores de aprendizado de máquina mais liberdade para experimentar, mesmo que seus métodos gerassem estimativas incorretas na média ou tendenciosas. Essa liberdade de experimentar levou a rápidos aprimoramentos, que aproveitam a abundância de dados, e aos computadores mais velozes surgidos na última década.

Ao final dos anos 1990 e início dos anos 2000, os experimentos com aprendizado de máquina para prever a rotatividade de clientes tiveram sucesso limitado. Os métodos de aprendizado de máquina estavam melhorando, mas a regressão ainda funcionava melhor. Os dados não eram abundantes o suficiente, e os computadores não eram bons o bastante para tirar vantagem do que o aprendizado de máquina poderia fazer.

Por exemplo, o Teradata Center, da Universidade de Duke, realizou um torneio de ciência de dados em 2004 para prever a rotatividade. Tais torneios eram incomuns na época. Qualquer um poderia enviar projetos e os vencedores receberiam prêmios em dinheiro. Os projetos vencedores usaram modelos de regressão. Alguns métodos de aprendizado de máquina tiveram um desempenho adequado, mas os métodos de rede neural, que mais tarde impulsionariam a revolução da IA, não tiveram um bom desempenho. Em 2016, tudo mudou. Os melhores modelos de rotatividade usaram o aprendizado de máquina, e os modelos de aprendizado profundo (rede neural) superaram todos os outros.

O que mudou? Primeiramente, os dados e os computadores finalmente passaram a ser bons o suficiente para permitir que o aprendizado de máquina prevalecesse. Nos anos 1990, era difícil construir conjuntos de dados suficientemente grandes. Por exemplo, um estudo clássico de predição de rotatividade usou 650 clientes e menos de 30 variáveis.

Em 2004, o processamento e o armazenamento de computadores haviam melhorado. No torneio da Duke, o conjunto de dados de treinamento continha informações sobre centenas de variáveis para dezenas de milhares de clientes. Com essas variáveis e clientes adicionais, os métodos de aprendizado de máquina começaram a funcionar tão bem, se não melhor, quanto a regressão.

Agora, os pesquisadores baseiam a predição de rotatividade em milhares de variáveis e milhões de clientes. O aumento da capacidade computacional significa que é possível incluir enormes quantidades de dados, incluindo texto e imagens, além de números. Por exemplo, em um modelo de rotatividade de telefone celular, os pesquisadores utilizaram dados de registros de chamadas de hora em hora, além de variáveis-padrão, como valor da fatura e pontualidade de pagamento.

Os métodos de aprendizado de máquina também melhoraram o aproveitamento dos dados disponíveis. Na competição da Duke, um componente-chave do sucesso foi escolher quais das centenas de variáveis disponíveis incluir e qual modelo estatístico usar. Os melhores métodos da época, seja aprendizado de máquina ou regressão clássica, usavam uma combinação de intuição e testes estatísticos para selecionar as variáveis e o modelo. Agora, os métodos de aprendizado de máquina, e especialmente os métodos de aprendizado profundo, permitem flexibilidade no modelo, e isso significa que as variáveis podem se combinar de maneiras inesperadas. Pessoas com altas contas telefônicas, que atingem o limite de minutos no início do mês de faturamento, podem ter menor probabilidade de rotatividade do que aquelas com contas altas que atingem o limite de minutos no final do mês. Ou pessoas com gastos altos em chamadas de longa distância nos fins de semana e que também pagam com atraso e tendem a enviar muitos textos podem ser particularmente propensas à rotatividade. Tais combinações são difíceis de prever, mas podem ajudar bastante na predição. Por serem difíceis de prever, os modeladores não os incluem nas predições que usam técnicas de regressão-padrão. O aprendizado de máquina fornece as opções de quais combinações e interações podem ser importantes para a máquina, e não para o programador.

Aprimoramentos nos métodos de aprendizado de máquina, em geral, e aprendizado profundo, em particular, significam que é possível transformar dados disponíveis de maneira eficiente em predições precisas de rotatividade. E os métodos de aprendizado de máquina agora superam claramente a regressão e várias outras técnicas.

Além da Rotatividade

O aprendizado de máquina está melhorando a predição em uma variedade de outros ajustes além da rotatividade, dos mercados financeiros ao clima.

A crise financeira de 2008 foi um fracasso espetacular dos métodos de predição com base em regressão. Em parte, impulsionando a crise financeira estavam predições da probabilidade de inadimplência de obrigações de dívida colateralizada, ou CDOs. Em 2007, agências de classificação, como a Standard & Poor's, previram que as CDOs classificadas como AAA tinham uma probabilidade menor do que 1 em 800 de não gerar um retorno em 5 anos. Cinco anos depois, mais de 1 em 4 CDOs não conseguiram gerar lucro. A predição inicial foi incrivelmente errada, apesar dos dados muito ricos sobre os padrões anteriores.

A falha não foi provocada pela insuficiência de dados, mas sim pela forma como os analistas os usaram para gerar uma predição. As agências de classificação basearam sua predição em modelos de regressão múltipla — os modelos que presumiam que os preços das casas em diferentes mercados não estavam correlacionados entre si. Isso acabou sendo falso, não apenas em 2007, mas também anteriormente. Inclua a possibilidade de que um choque possa atingir vários mercados imobiliários simultaneamente, e a probabilidade é de que você tenha prejuízos com os CDOs, mesmo se estiverem distribuídos em muitas cidades dos EUA.

Os analistas desenvolveram seus modelos de regressão com base em hipóteses do que acreditavam ser importante e como — crenças desnecessárias para o aprendizado de máquina. Os modelos de aprendizado de máquina são particularmente bons em determinar qual das muitas variáveis possíveis funcionará melhor e reconhecer que algumas coisas não importam, e outras, talvez até de forma surpreendente, sim. Agora, a intuição e as hipóteses de um analista são menos importantes. Dessa forma, o aprendizado de máquina possibilita predições baseadas em correlações imprevistas, incluindo que os preços da habitação em Las Vegas, Phoenix e Miami podem se mover juntos.

Se É Apenas Predição, Então por que É Chamada de "Inteligência"?

Avanços recentes no aprendizado de máquina transformaram a forma como usamos a estatística para prever. É tentador considerar os desenvolvimentos mais recentes em IA e aprendizado de máquina como apenas "estatística tradicional turbinada". Em certo sentido, isso é verdade, uma vez que o objetivo final é gerar uma predição para preencher as informações ausentes. Além disso, o processo de aprendizado de máquina envolve a busca de uma solução que minimize os erros.

Então, o que torna o aprendizado de máquina uma tecnologia de computação transformadora, que mereça o rótulo de "inteligência artificial"? Em alguns casos, as predições são tão boas que as podemos usar em vez da lógica baseada em regras.

A predição efetiva altera a maneira como os computadores são programados. Nem os métodos estatísticos tradicionais, nem os algoritmos de declarações se-então operam bem em cenários complexos. Quer identificar um gato em um grupo de fotos? Especifique que os gatos têm muitas cores e texturas. Eles podem estar de pé, sentados, deitados, saltando ou parecendo mal-humorados. Eles podem estar dentro ou fora. Rapidamente a coisa toda complica. Sendo assim, até um trabalho corriqueiro requer muito cuidado. E isso só para os gatos. E se quisermos uma maneira de descrever todos os objetos em uma foto? Precisaremos de uma especificação separada para cada um.

Uma tecnologia fundamental, que sustenta os avanços recentes, denominada "aprendizado profundo", conta com uma abordagem chamada de "propagação retrógrada". Ela evita tudo isso de uma maneira similar à que os cérebros naturais fazem, aprendendo através do exemplo (se os neurônios artificiais imitam os reais é uma distração interessante da utilidade da tecnologia). Se você quiser que uma criança conheça a palavra "gato", toda vez que vir um gato, diga a palavra. É basicamente o mesmo para o aprendizado de máquina. Você alimenta várias fotos de gatos com o rótulo "gato" e várias sem gatos sem o rótulo "gato". A máquina aprende a reconhecer os padrões de pixels associados ao rótulo "gato".

Se você tiver uma série de fotos com gatos e cachorros, a ligação entre gatos e objetos de quatro patas se fortalecerá, mas isso também ocorrerá com a ligação com os cães. Sem ter que especificar mais, uma vez que tenha fornecido milhões de fotos com diferentes variações (incluindo algumas sem cães) e rótulos em sua máquina, ela desenvolve muito mais associações e aprende a distinguir entre gatos e cachorros.

Muitos problemas se transformaram de problemas algorítmicos ("quais são as características de um gato?") em problemas de predição ("essa imagem com um rótulo ausente tem os mesmos atributos que os gatos que já vi antes?"). O aprendizado de máquina usa modelos probabilísticos para resolver problemas.

Por que muitos tecnólogos se referem ao aprendizado de máquina como "inteligência artificial"? Como o resultado do aprendizado de máquina — predição — é um componente-chave da inteligência, a precisão da predição melhora com o aprendizado, e a alta precisão de predição geralmente permite que as máquinas executem tarefas que até então estavam associadas à inteligência humana, como identificação de objetos.

Em seu livro *On Intelligence* (sem tradução no Brasil), Jeff Hawkins foi um dos primeiros a argumentar que a previsão é a base da inteligência humana. A essência de sua teoria é que a inteligência humana, que está no cerne da criatividade e dos ganhos de produtividade, deve-se à forma como nosso cérebro usa as memórias para fazer previsões: "Estamos fazendo previsões contínuas de baixa demanda em paralelo usando todos os nossos sentidos. Mas isso não é tudo. Estou defendendo uma proposição muito mais forte. A previsão não é apenas uma das coisas que seu cérebro faz. É a principal função do neocórtex e a base da inteligência. O córtex é um órgão de previsão."[2]

Hawkins argumenta que nossos cérebros constantemente fazem previsões sobre o que estamos prestes a experimentar — o que veremos, sentiremos e ouviremos. À medida que nos desenvolvemos e amadurecemos, as previsões de nossos cérebros são cada vez mais precisas; as previsões muitas vezes se tornam realidade. No entanto, quando as previsões não são precisas, notamos a anomalia, e essa informação retorna ao nosso cérebro, que atualiza seu algoritmo, aprendendo e aprimorando ainda mais o modelo.

O trabalho de Hawkins é controverso. Suas ideias são debatidas na literatura de psicologia, e muitos cientistas da computação rejeitam categoricamente sua ênfase do córtex como um modelo para máquinas preditivas. A noção de uma IA que pudesse passar no teste de Turing (uma máquina sendo capaz de enganar um humano, levando-o a acreditar que a máquina é realmente uma pessoa), no seu sentido mais estrito, permanece longe da realidade. Os algoritmos atuais de IA não são capazes de raciocinar e, além disso, é difícil questioná-los para entender a origem de suas predições.

Independentemente de o modelo subjacente ser apropriado, sua ênfase na predição como base para a inteligência é útil para entender o impacto das mudanças recentes na IA. Aqui, enfatizamos as consequências de melhorias drásticas na tecnologia de predição. Muitas das aspirações dos estudiosos na conferência de 1956, em Dartmouth, são agora alcançáveis. De várias maneiras, as máquinas preditivas podem "usar linguagem, formar abstrações e conceitos, resolver os tipos de problemas agora (em 1955) reservados para os humanos e melhorar a si mesmas".[3]

Não especulamos se esse progresso anuncia a chegada da inteligência artificial geral, "a Singularidade", ou Skynet. No entanto, como você verá, esse foco mais restrito na predição ainda sugere mudanças extraordinárias nos próximos anos. Assim como a aritmética barata possibilitada pelos computadores provou ser poderosa no início, proporcionando mudanças drásticas nas vidas pessoais e corporativas, transformações similares ocorrerão devido à predição barata.

De modo geral, seja ou não inteligência, essa progressão da programação terminológica para a programação probabilística dos computadores é uma transição importante da função passo a passo, embora consistente com o progresso nas ciências sociais e físicas. O filósofo Ian Hacking, em seu livro *The Taming of Chance* (sem tradução no Brasil) conta que, antes do século XIX, a probabilidade era o domínio dos apostadores.[4] No século XIX, o surgimento de dados do censo governamental aplicou a nova matemática da probabilidade às ciências sociais. O século XX viu um reordenamento físico-mental de nossa compreensão do mundo físico, passando de uma perspectiva determinista newtoniana para as incertezas da mecânica quântica. Talvez o avanço mais importante da ciência da computação do século XXI corresponda a esses avanços anteriores nas ciências sociais e físicas: o reconhecimento de que os algoritmos funcionam melhor quando estruturados de forma probabilística, com base em dados.

PONTOS PRINCIPAIS

- A ciência do aprendizado de máquina tinha objetivos diferentes dos estatísticos. Enquanto a estatística enfatizava a média, o aprendizado de máquina não a exigia. Em vez disso, o objetivo era a eficácia operacional. As predições poderiam ter tendências, desde que fossem melhores (algo que era possível com computadores poderosos). Isso proporcionou aos cientistas a liberdade de experimentar e conduzir melhorias rápidas, que aproveitam a abundância de dados e os computadores mais velozes surgidos na última década.
- Métodos estatísticos tradicionais requerem a articulação de hipóteses ou pelo menos da intuição humana para especificação do modelo. O aprendizado de máquina tem menos necessidade de especificar antecipadamente o que entra no modelo, e pode acomodar o equivalente a modelos muito mais complexos, com muito mais interações entre variáveis.
- Avanços recentes no aprendizado de máquina são frequentemente referidos como avanços na inteligência artificial porque: (1) sistemas com base nessa técnica *aprendem* e melhoram ao longo do tempo; (2) esses sistemas geram predições significativamente mais precisas do que outras abordagens sob certas condições, e alguns especialistas argumentam que a predição é essencial para a inteligência; (3) uma maior precisão de predição desses sistemas

permite que realizem tarefas, como tradução e orientação espacial, que antes eram consideradas domínio exclusivo da inteligência humana. Continuamos céticos quanto a ligação entre predição e inteligência. Nenhuma de nossas conclusões se baseia em assumir uma posição sobre se os avanços na predição representam avanços na inteligência. Nós nos concentramos nas consequências de uma queda no custo da predição, não em uma queda no custo da inteligência.

5

Os Dados São o Novo Petróleo

Hal Varian, economista-chefe do Google, parafraseando Robert Goizueta, da Coca-Cola, disse em 2013: "Há um bilhão de horas, surgiu o moderno *homo sapiens*. Um bilhão de minutos atrás, o cristianismo começou. Um bilhão de segundos atrás, o PC IBM foi lançado. Um bilhão de buscas no Google atrás... foi essa manhã."[1] O Google não é a única empresa com quantidades extraordinárias de dados. De grandes empresas, como Facebook e Microsoft, a governos locais e startups, a coleta de dados está mais barata e fácil do que nunca. Esses dados têm valor. Bilhões de pesquisas significam bilhões de linhas de dados com as quais o Google pode aprimorar seus serviços. Alguns chamaram os dados de "o novo petróleo".

Máquinas preditivas dependem de dados. Mais e melhores dados levam a melhores predições. Em termos econômicos, os dados são um complemento fundamental para a predição. E tornam-se mais valiosos à medida que a predição se torna mais barata.

Com a IA, os dados desempenham três funções. Primeiro, a de *dados de entrada*, que são fornecidos ao algoritmo e usados para gerar uma predição. Segundo, a de *dados de treinamento*, usados para gerar o algoritmo em primeiro lugar. Os dados de treinamento são usados para treinar a IA para se tornar boa o suficiente para prever no mundo real. Por fim, há a função de *dados de feedback*, que são usados para melhorar o desempenho do algoritmo através da experiência. Em algumas situações, existe uma sobreposição considerável, de modo que os mesmos dados desempenhem as três funções.

Mas os dados podem ser caros de adquirir. Assim, o investimento envolve um dilema entre o benefício de mais dados e o custo de adquiri-los. Para tomar as decisões corretas de investimento em dados, você deve entender como as máquinas preditivas os utilizam.

Predição Exige Dados

Antes do recente entusiasmo com a IA, havia a euforia em torno do big data. A variedade, quantidade e qualidade dos dados aumentaram substancialmente nos últimos 20 anos. Imagens e texto estão agora em formato digital, para que as máquinas os possam analisar. Os sensores são onipresentes. O entusiasmo se baseia na capacidade desses dados de ajudar as pessoas a reduzir a incerteza e saber mais sobre o que está acontecendo.

Considere os sensores aprimorados que monitoram os batimentos cardíacos das pessoas. Várias empresas e organizações sem fins lucrativos com nomes médicos, como AliveCor e Cardiio, constroem produtos que usam dados de frequência cardíaca. Por exemplo, a startup Cardiogram oferece uma aplicação para iPhone que usa dados de frequência cardíaca de um Apple Watch para gerar uma quantidade extraordinária de informações: uma medição segundo a segundo da taxa de frequência cardíaca de todos que usam a aplicação. Os usuários podem ver quando, e se, os batimentos cardíacos aumentam ao longo de um dia e se aceleraram ou diminuíram ao longo de um ano ou até mesmo uma década.

No entanto, o poder latente de tais produtos vem da combinação desses dados abundantes com uma máquina preditiva. Pesquisadores acadêmicos e da indústria demonstraram que os smartphones podem prever arritmias cardíacas (em termos médicos, fibrilação atrial).[2] Assim, com suas máquinas preditivas, os produtos que a Cardiogram, AliveCor,

Cardiio e outras estão construindo utilizam os dados da frequência cardíaca para ajudar a diagnosticar doenças cardíacas. A abordagem geral é usar dados de frequência cardíaca para prever as informações desconhecidas sobre se um usuário em particular tem um ritmo cardíaco anormal.

Esses dados de entrada são necessários para operar a máquina preditiva. Como as máquinas preditivas não podem ser executadas sem dados de entrada, muitas vezes os chamamos apenas de "dados", em contraste com os dados de treinamento e os de feedback.

Um usuário inexperiente não é capaz de ver a ligação entre dados de frequência cardíaca e um ritmo cardíaco anormal a partir de dados brutos. Em contrapartida, o Cardiogram consegue detectar um ritmo cardíaco irregular com 97% de precisão usando sua rede neural profunda.[3] Essas anormalidades causam cerca de um quarto dos AVCs. Com uma melhor predição, os médicos podem oferecer o melhor tratamento. Certos medicamentos são capazes de prevenir AVCs.

Para que isso funcione, os consumidores precisam fornecer seus dados de frequência cardíaca. Sem dados pessoais, uma máquina não consegue prever o risco para essa pessoa em particular. A combinação de uma máquina preditiva com os dados pessoais de um indivíduo permite prever a probabilidade de ocorrência de arritmia cardíaca na pessoa em questão.

Como as Máquinas Aprendem com Dados

A atual geração de tecnologia IA é chamada de "aprendizado de máquina" por um motivo. As máquinas aprendem com os dados. No caso dos monitores de frequência cardíaca para prever arritmias (e o aumento da probabilidade de um acidente vascular cerebral) a partir dos dados da frequência cardíaca, a máquina preditiva tem que aprender como os dados estão associados às incidências reais de arritmias. Para isso, precisa combinar os dados de entrada provenientes do Apple Watch — que os médicos chamam de "variáveis independentes" — com informações sobre ritmos cardíacos irregulares ("a variável dependente").

Para que a máquina preditiva aprenda, as informações sobre arritmias cardíacas têm que vir das mesmas pessoas que os dados da frequência cardíaca do Apple Watch. Assim, a máquina preditiva precisa de dados de muitas pessoas com arritmia cardíaca, além dos dados de sua frequência. O mais importante, também precisa de dados de muitas pessoas *que não têm* arritmia, junto com os dados de sua frequência cardíaca. A máquina preditiva compara os padrões de frequência cardíaca para aqueles com e sem ritmos cardíacos irregulares. Essa comparação é o que possibilita a predição. Se o padrão de frequência cardíaca de um novo paciente for mais semelhante à amostra de "treinamento" de pessoas com um ritmo irregular do que para a amostra de pessoas com um ritmo regular, a máquina preverá que esse paciente tem arritmia cardíaca.

Como muitas aplicações médicas, o Cardiogram coleta seus dados trabalhando com acadêmicos que monitoraram seis mil usuários para auxiliar no estudo. Dos seis mil, aproximadamente 200 já haviam sido diagnosticados com arritmia cardíaca. Assim, tudo o que o Cardiogram fez foi coletar dados sobre os padrões de frequência cardíaca do Apple Watch e compará-los.

Tais produtos continuam a melhorar a precisão da predição mesmo depois de começarem a operar. A máquina preditiva precisa de dados de feedback sobre a exatidão de suas predições. Por isso, necessita de dados sobre a incidência de ritmos cardíacos irregulares entre os usuários do produto. A máquina combina esses dados com os dados de entrada de monitoramento cardíaco para gerar um feedback que aperfeiçoa continuamente a precisão da predição.

No entanto, adquirir dados de treinamento pode ser um desafio. Para prever o mesmo grupo de itens (nesse caso, pacientes cardíacos), você precisa de informações sobre o resultado de interesse (ritmos cardíacos irregulares), bem como informações sobre algo que será útil para prever esse resultado em um novo contexto (cardio-monitoramento).

Isso é particularmente desafiador quando a predição se refere a um evento futuro. A máquina preditiva só pode receber informações conhecidas no momento em que você deseja prever. Por exemplo, suponha que esteja pensando em comprar ingressos para a temporada de seu time no próximo ano. Em Toronto, para a maioria das pessoas, seria a equipe de hóquei no gelo do Toronto Maple Leafs. Você gosta de ir aos jogos quando o time ganha, mas não gosta de apoiar um time perdedor. Então, decide que vale a pena comprar os ingressos se a equipe vencer pelo menos metade dos jogos que disputar no ano que vem. Para tomar essa decisão, você precisa prever o número de vitórias.

No hóquei no gelo, a equipe que marca mais gols ganha. Logo, você intui que as equipes que marcam muitos gols tendem a vencer e as equipes com poucos, a perder. Você decide alimentar sua máquina preditiva com dados de temporadas anteriores sobre os gols marcados, os gols sofridos e o número de vitórias de cada time. Ao fornecer esses dados para a máquina preditiva, descobre que esse é realmente um excelente preditor do número de vitórias. Então, você se prepara para usar essa informação para prever o número de vitórias no próximo ano.

É impossível. Você chega a um impasse. Não tem informações sobre o número de gols que a equipe marcará no próximo ano. Portanto, não pode usar esses dados para prever o número de vitórias. Você tem dados sobre os gols marcados no ano passado, mas isso não funcionará, porque a máquina preditiva foi treinada para aprender com os dados do ano corrente.

Para fazer essa predição, precisa de dados que terá em mãos no momento em que fizer a predição. Você pode treinar novamente sua máquina preditiva usando os gols marcados no ano anterior para prever as vitórias do ano corrente. Você poderia usar outras informações, como vitórias durante o ano anterior ou a idade dos jogadores na equipe e seu desempenho passado no gelo.

Muitas aplicações comerciais de IA têm essa estrutura: usam uma combinação de dados de entrada e medidas de resultados para criar a máquina preditiva e, em seguida, usam os dados de entrada de uma nova situação para prever o resultado dessa situação. Se obtiver dados sobre os resultados, sua máquina preditiva aprenderá continuamente por meio de feedback.

Decisões sobre Dados

Dados costumam ser caros, mas as máquinas preditivas não operam sem eles. Elas exigem dados para criar, operar e melhorar.

Sendo assim, você deve tomar decisões em torno da escala e do escopo da aquisição de dados. De quantos tipos de dados precisa? Quantos objetos são necessários para o treinamento? Com que frequência você precisa coletar dados? Mais tipos, objetos e frequência significam um custo mais alto, mas também um benefício potencialmente maior. Ao pensar nessa decisão, você deve determinar cuidadosamente o que deseja prever. O problema específico de predição lhe dirá do que precisa.

O Cardiogram queria prever AVCs. Ele usava arritmias cardíacas como um indicador (medicamente validado).[4] Depois de definir esse objetivo de predição, precisava apenas de dados de frequência cardíaca para cada pessoa que usasse sua aplicação. É possível ainda usar informações sobre sono, atividade física, histórico familiar e médico e idade. Depois de fazer algumas perguntas para coletar a idade e outras informações, era necessário apenas um dispositivo para medir bem uma coisa: a frequência cardíaca.

O Cardiogram também precisava de dados de treinamento — as seis mil pessoas em seus dados de treinamento, sendo que uma fração delas tem arritmia cardíaca. Apesar da vasta gama de sensores e da variedade de detalhes sobre os usuários potencialmente disponíveis, a Cardiogram só precisou coletar uma pequena quantidade de informações na maioria de seus usuários. E exigia apenas acesso a informações anormais de ritmo cardíaco para as pessoas que utilizou para treinar sua IA. Dessa forma, o número de variáveis foi relativamente pequeno.

Para fazer uma boa predição, a máquina deve ter indivíduos (ou unidades de análise) suficientes nos dados de treinamento. O número de indivíduos requeridos depende de dois fatores: primeiro, o quanto o "sinal" é confiável em relação ao "ruído" e, segundo, o quanto a predição deve ser precisa para que seja útil. Em outras palavras, o número de pessoas requeridas depende de esperarmos que os batimentos cardíacos sejam um preditor forte ou fraco de ritmos cardíacos irregulares e da gravidade da ocorrência de um erro. Se a frequência cardíaca é um forte preditor e os erros não são um grande problema, só precisamos de algumas pessoas. Se a frequência cardíaca for um preditor fraco ou se cada erro coloca vidas em risco, então precisamos de milhares ou até milhões. O Cardiogram, em seu estudo preliminar, utilizou seis mil pessoas, incluindo apenas 200 com arritmia cardíaca. Com o tempo, uma maneira de coletar mais dados é através do feedback sobre se os usuários da aplicação têm ou desenvolveram ritmos cardíacos irregulares.

De onde vieram os seis mil? Os cientistas de dados têm ferramentas excelentes para avaliar a quantidade de dados necessários, dada a confiabilidade esperada da predição e a necessidade de precisão. Elas se chamam "cálculos de energia" e informam quantas unidades você precisa analisar para gerar uma predição útil.[5] O principal ponto de gerenciamento é que será preciso fazer uma concessão: predições mais precisas exigem mais unidades para estudar, e adquiri-las pode ser caro.

O Cardiogram requer alta frequência de coleta de dados. Sua tecnologia utiliza o Apple Watch para coletar dados segundo a segundo. Ele precisa dessa alta frequência porque as frequências cardíacas variam durante o dia, e a medição correta requer uma avaliação repetida de se a taxa medida é o valor real para a pessoa que está sendo estudada. Para funcionar, o algoritmo do Cardiogram usa o fluxo constante de medição que um dispositivo *wearable* (ou "vestível") fornece, em vez de uma medida feita apenas quando o paciente está no consultório médico.

Coletar esses dados foi um investimento caro. Os pacientes tinham que usar um dispositivo em todos os momentos, e isso atrapalhava suas rotinas (especialmente para aqueles sem o Apple Watch). Como envolvia dados de saúde, havia preocupações com a privacidade, por isso, o Cardiogram desenvolveu seu sistema de maneira a aumentar a privacidade, mas à custa do aumento dos custos de desenvolvimento e da capacidade reduzida da máquina em melhorar as predições de feedback. Ele coletou os dados usados nas predições por meio da aplicação; os dados permaneceram no relógio.

Em seguida, discutimos a diferença entre o pensamento estatístico e econômico em relação à quantidade de dados que se devem coletar. (Consideramos questões associadas à privacidade quando discutimos a estratégia, na Parte 4.)

Economias de Escala

Mais dados melhoram a predição. Mas de quantos dados você precisa? O benefício de informações adicionais (seja em termos de número de unidades, tipos de variáveis ou frequência) pode aumentar ou diminuir com a quantidade de dados existente. Em termos de economia, os dados podem ter retornos crescentes ou decrescentes de escala.

De um ponto de vista puramente estatístico, os dados têm retornos decrescentes em escala. Você obtém informações mais úteis da terceira observação do que da centésima, e aprende muito mais com a centésima do que com a milionésima. À medida que adiciona observações a seus dados de treinamento, eles se tornam cada vez menos úteis para melhorar sua predição.

Cada observação é um dado adicional que ajuda a informar sua predição. No caso do Cardiogram, uma observação é o tempo entre cada batimento cardíaco registrado. Quando dizemos "os dados têm retornos decrescentes", queremos dizer que as primeiras 100 pulsações lhe dão uma boa noção de se a pessoa tem arritmia cardíaca. Cada batimento cardíaco adicional é menos importante do que os anteriores para melhorar a predição.

Pense no tempo de antecedência que você precisa quando vai ao aeroporto. Se nunca esteve no aeroporto, a primeira vez lhe fornece muitas informações úteis. A segunda e a terceira também lhe dão uma noção do tempo que normalmente é necessário. No entanto, no decorrer do tempo, é improvável que aprenda muito sobre quanto tempo leva para chegar lá. Dessa forma, os dados têm retornos decrescentes em escala: à medida que você obtém mais dados, cada peça adicional é menos valiosa.

Isso pode não ser verdade do ponto de vista econômico, que não se refere a como os dados melhoram a predição. Mas se refere a como os dados aumentam o valor que você obtém da predição. Às vezes, a predição e o resultado caminham juntos, de modo que os retornos decrescentes das observações na estatística implicam retornos decrescentes em termos de resultados relevantes. No entanto, às vezes, eles são diferentes.

Por exemplo, os consumidores podem optar por usar seu produto ou o de seu concorrente. Eles só podem usar seu produto se for quase sempre tão bom ou melhor que o de seu concorrente. Em muitos casos, todos os concorrentes serão igualmente bons para situações com dados prontamente disponíveis. Por exemplo, a maioria dos mecanismos de pesquisa fornece resultados semelhantes para pesquisas comuns. Se você usa o Google ou o Bing, os resultados de uma pesquisa por "Justin Bieber" são semelhantes. O valor de um mecanismo de pesquisa é impulsionado por sua capacidade de fornecer melhores resultados para pesquisas incomuns. Tente digitar "disrupção" no Google e no Bing. No momento em que escrevemos, o Google mostra tanto a definição do dicionário quanto os resultados relacionados às ideias de Clay Christensen sobre inovação disruptiva. Os primeiros nove resultados do Bing forneceram definições de dicionário. Um dos principais motivos pelos quais os resultados do Google foram melhores é que descobrir o que o pesquisador precisa em uma pesquisa incomum exige dados de tais pesquisas. A maioria das pessoas usa o Google tanto para pesquisas raras quanto para comuns. Ter um resultado um pouco melhor na pesquisa já acarreta uma grande diferença em participação de mercado e receita.

Assim, embora os dados tecnicamente tenham retornos decrescentes em escala — a bilionésima pesquisa é menos útil para melhorar o mecanismo de pesquisa do que a primeira —, do ponto de vista comercial, são mais valiosos se você tiver mais e melhores dados do que seu concorrente. Alguns argumentaram que mais dados sobre fatores únicos trazem recompensas desproporcionais no mercado.[6] Dados cada vez maiores acarretam recompensas desproporcionais. Assim, do ponto de vista econômico, em tais casos, os dados podem ter retornos crescentes de escala.

PONTOS PRINCIPAIS

- As máquinas preditivas utilizam três tipos de dados: (1) dados de treinamento para treinar a IA, (2) dados de entrada para predição e (3) dados de feedback para melhorar a precisão da predição.
- A coleta de dados é cara, mas é um investimento. O custo da coleta de dados depende de quantos dados você precisa e quanto o processo de coleta é invasivo. É essencial equilibrar o custo da aquisição de dados com o benefício de maior precisão de predição. Determinar a melhor abordagem requer estimar o ROI de cada tipo de dado: quanto custará adquirir e qual será o valor do aumento na precisão da predição?

- Razões estatísticas e econômicas determinam se ter mais dados gera mais valor. De uma perspectiva estatística, os dados têm retornos decrescentes. Cada unidade adicional de dados aprimora menos sua predição do que os dados anteriores; a décima observação melhora mais a predição do que a milésima. Em termos de economia, a relação é ambígua. Adicionar mais dados para ter um grande estoque pode ser melhor do que os adicionar a um pequeno estoque — por exemplo, se os dados adicionais permitirem que o desempenho da máquina preditiva cruze um limite de inutilizável para utilizável, de abaixo de um nível regulatório de desempenho para acima, ou de pior que um concorrente para melhor. Assim, as organizações precisam entender a relação entre adicionar mais dados, aumentar a precisão da predição e aumentar a criação de valor.

6

A Nova Divisão do Trabalho

Toda vez que você edita um documento eletrônico, essas alterações podem ser registradas. Para a maioria de nós, isso é praticamente só uma maneira útil de rastrear revisões em um documento; mas, para Ron Glozman, foi uma oportunidade de usar a IA em dados para prever mudanças. Em 2015, Glozman lançou uma startup chamada Chisel, cujo primeiro produto lidava com documentos legais e previa quais informações eram sigilosas. Esse produto é valioso para escritórios de advocacia porque, quando são obrigados a divulgar documentos, precisam ocultar, ou editar, informações confidenciais. Tradicionalmente, isso era feito de forma manual, com seres humanos lendo os documentos e apagando as informações privadas. A abordagem de Glozman prometia economizar tempo e esforço.

A edição de máquina funcionou, mas de forma imperfeita. Na ocasião, a máquina erraticamente editou informações que deveriam ser divulgadas. Ou deixou de editar algo confidencial. Para alcançar padrões legais, os seres humanos tinham que interferir. Em sua fase de testes, a máquina da Chisel sugeria o que editar, e uma pessoa rejeitava ou aceitava a sugestão. Na realidade, esse trabalho conjunto economizava muito tempo, enquanto alcançava uma taxa de erro menor do que os humanos conseguiam por conta própria. Essa divisão de trabalho entre pessoas e máquinas funcionou porque superou as fraquezas humanas em velocidade e atenção e os pontos fracos das máquinas na interpretação de textos.

Tanto seres humanos quanto máquinas são falhos. Sem saber quais são seus pontos fracos, não podemos avaliar como máquinas e humanos deveriam trabalhar juntos para gerar predições. Por quê? Por causa de uma ideia que remonta ao pensamento econômico do século XVIII de Adam Smith sobre a divisão de trabalho, que envolve a alocação de papéis fundamentados em forças relativas. Aqui, a divisão do trabalho se dá entre seres humanos e máquinas na geração de predições. Entender a divisão do trabalho envolve determinar quais aspectos da predição são mais bem realizados por pessoas ou máquinas. Isso nos permite identificar seus papéis distintos.

Quando os Seres Humanos São Fracos na Predição

Um antigo experimento psicológico oferece aos participantes uma série aleatória de Xs e Os, e pede que prevejam qual seria o próximo elemento. Por exemplo, eles podem ver:

OXXOXOXOXOXXOOXXOXOXXXOXX

Em uma sequência como essa, a maioria das pessoas percebe que há um pouco mais de Xs que de Os — se você contar, verá 60% de Xs e 40% de Os —, então chuta X na maior parte das vezes, mas às vezes palpita O, o que resulta em um equilíbrio. No entanto, se quiser maximizar suas chances de uma predição correta, deveria sempre escolher X. Dessa forma, estaria certo em 60% das vezes. Se escolher aleatoriamente 60/40, como a maioria dos participantes, sua predição acaba sendo correta 52% das vezes, apenas um pouco melhor do que se não tivesse sequer se incomodado em avaliar a frequência relativa de Xs e Os, e em vez disso apenas chutasse um ou outro (50/50).[1]

O que esses experimentos nos dizem é que os humanos são estatísticos fracos, mesmo em situações em que não sejam tão ruins em avaliar probabilidades. Nenhuma máquina preditiva cometeria um erro como esse. Mas talvez as pessoas não levem essas tarefas a sério, já que podem sentir-se como se estivessem em um jogo. Elas cometeriam erros semelhantes se as consequências não fossem claramente diferentes das de um jogo?

A resposta — demonstrada em muitos experimentos pelos psicólogos Daniel Kahneman e Amos Tversky — é decididamente sim.[2] Quando disseram para as pessoas considerarem dois hospitais — um com 45 nascimentos por dia e outro com 15 — e perguntaram qual teria mais dias em que 60% ou mais dos bebês nascidos seriam meninos, poucos acertaram a resposta — que seria o hospital menor. Essa é a resposta correta porque quanto maior o número de eventos (nesse caso, nascimentos), é mais provável que cada resultado diário seja próximo da média (nesse caso, 50%). Para ver como isso funciona, imagine que você esteja jogando cara ou coroa. É mais provável que obtenha cara em todas as vezes se jogar uma moeda 5 vezes do que 50. Assim, é mais provável que o hospital menor — precisamente porque tem menos nascimentos — tenha resultados mais extremos, longe da média.

Vários livros foram escritos sobre tais heurísticas e vieses.[3] Muitas pessoas acham difícil fazer predições baseadas em sólidos princípios estatísticos, e é precisamente por isso que buscam especialistas. Infelizmente, esses especialistas podem exibir os mesmos vieses e dificuldades com a estatística ao tomar decisões. Esses vieses atormentam áreas tão diversas quanto medicina, direito, esportes e negócios. Tversky, junto com pesquisadores da Harvard Medical School, apresentou aos médicos dois tratamentos para o câncer de pulmão: radiação e cirurgia. A taxa de sobrevida de cinco anos recomenda a cirurgia. Dois grupos de participantes receberam de diferentes maneiras as informações sobre a taxa de sobrevida em curto prazo da cirurgia, que é mais arriscada do que a radiação. Quando informados de que "a taxa de sobrevivência de um mês é de 90%", 84% dos médicos optaram pela cirurgia, mas essa taxa caiu para 50% quando informados de que "há uma mortalidade de 10% no primeiro mês". Ambas as frases disseram o mesmo, mas o modo como os pesquisadores apresentaram a informação resultou em grandes diferenças na decisão. Uma máquina não produziria esse resultado.

Kahneman identifica muitas outras situações em que os especialistas não previram bem ao se deparar com informações complexas. Radiologistas experientes se contradiziam uma vez em cinco ao avaliar radiografias. Auditores, patologistas, psicólogos e gerentes exibiram inconsistências semelhantes. Kahneman conclui que, se há uma maneira de prever utilizando uma fórmula em vez de uma avaliação humana, a fórmula deve ser fortemente considerada.

A fraca predição dos especialistas foi o ponto central do filme de Michael Lewis, *O Homem que Mudou o Jogo*.[4] O time de beisebol Oakland Athletics (A's) enfrentou um problema quando, depois de perder três de seus melhores jogadores, não tinha recursos financeiros para recrutar substitutos. O gerente geral do A's, Billy Beane (interpretado por Brad Pitt), usou um sistema estatístico desenvolvido por Bill James para prever o desempenho dos jogadores. Com esse sistema de "sabermétrica", Beane e seus analistas rejeitaram as recomendações dos batedores do A's e escalaram o próprio time. Apesar de um orçamento modesto, o A's superou seus rivais até a World Series, em 2002. No centro da nova abordagem havia uma rejeição aos indicadores que eles consideravam importantes (bases roubadas e média de rebatidas) em detrimento de outros (desempenho básico e porcentagem de slugging). Houve também um afastamento da heurística, às vezes bizarra, do batedor. Como observa um dos analistas no filme: "Ele tem uma namorada feia. Namorada feia significa insegurança." À luz de algoritmos de tomada de decisão como esse, não é surpresa que as predições baseadas em dados muitas vezes conseguissem superar as predições humanas no beisebol.

As novas métricas enfatizadas consideravam a contribuição de um jogador para o desempenho da equipe como um todo. A nova máquina preditiva permitiu que os Oakland A's identificassem jogadores que eram menos conhecidos em comparação com aqueles renomados e que, portanto, obtinham um melhor valor, no sentido de custo mais baixo em relação a seu impacto no desempenho da equipe. Sem a predição, esses eram aspectos que outras equipes negligenciaram. O A's obteve vantagens com base nesses preconceitos.[5]

Talvez a indicação mais clara de dificuldades com a predicação humana, mesmo por especialistas experientes e poderosos, venha de um estudo sobre as decisões de concessão de fiança dos juízes norte-americanos.[6] Nos Estados Unidos, há dez milhões de decisões desse tipo a cada ano, e se alguém recebe ou não fiança é muito importante para a família, o trabalho e outras questões pessoais, sem mencionar o custo da prisão para o governo. Os juízes devem basear suas decisões na possibilidade de fuga do réu ou do cometimento de outros crimes se libertado sob fiança, e não se uma eventual condenação é provável. Os critérios de decisão são claros e definidos.

O estudo utilizou o aprendizado de máquina para desenvolver um algoritmo que previa a probabilidade de determinado réu reincidir ou fugir enquanto estava sob fiança. Os dados de treinamento foram extensos: três quartos de um milhão de pessoas que receberam fiança em Nova York entre 2008 e 2013. As informações incluíam o histórico de antecedentes, os crimes de que as pessoas eram acusadas e as informações demográficas.

A máquina fez predições melhores que os juízes. Por exemplo, para 1% dos réus que classificou como mais arriscados, a máquina previu que 62% cometeriam crimes enquanto estivessem sob fiança. No entanto, os juízes (que não tiveram acesso às predições da máquina) optaram por liberar quase metade deles. As predições da máquina foram razoavelmente precisas, 63% dos infratores de alto risco (no 1% referido acima) identificados pela máquina de fato cometeram um crime enquanto estavam sob fiança e mais da metade não apareceu na audiência seguinte. Cinco por cento daqueles que a máquina identificou como de alto risco (no mesmo 1%) cometeram estupro ou assassinato enquanto estavam sob fiança.

Seguindo as recomendações da máquina, os juízes poderiam ter liberado o mesmo número de réus e reduzido a taxa de criminalidade dos que foram soltos sob fiança em três quartos. Ou poderiam ter mantido a taxa de criminalidade prendendo metade dos réus.[7]

O que está acontecendo? Por que os juízes avaliam de maneira tão diferente das máquinas preditivas? Uma possibilidade é que os juízes usem informações indisponíveis para o algoritmo, como a aparência e o comportamento do réu no tribunal. Essa informação pode ser útil — ou enganosa. Dada a alta taxa de criminalidade dos libertados, é sensato concluir que é mais provável que seja o último; as predições dos juízes são muito ruins. O estudo fornece muitas evidências adicionais que sustentam essa infeliz conclusão.

A predição se mostra tão difícil para os seres humanos nessa situação por causa da complexidade dos fatores que explicam as taxas de criminalidade. As máquinas são muito melhores do que os seres humanos ao fatorar interações complexas entre diferentes indicadores. Assim, embora você possa acreditar que um registro criminal passado signifique que um réu tem um grande risco de fuga, a máquina pode ter descoberto que seria o caso apenas se o réu estivesse desempregado por certo período de tempo. Em outras palavras, o efeito da combinação de fatores é mais importante, e, à medida que o número de dimensões para as combinações cresce, a habilidade das pessoas em fazer predições precisas diminui.

Esses preconceitos não aparecem apenas na medicina, no beisebol e no direito; são uma característica constante do trabalho profissional. Economistas descobriram que gerentes e colaboradores frequentemente se envolvem em predição — e predição com confiança — sem saber que estão fazendo um trabalho ruim. Em um estudo sobre contratação envolvendo 15 empresas de serviços de baixa qualificação, Mitchell Hoffman, Lisa Kahn e Danielle Li descobriram que, quando as empresas usaram um teste objetivo e verificável, junto com entrevistas típicas, houve um aumento de 15% no tempo de permanência dos colaboradores em relação a quando tomavam decisões de contratação baseadas somente em entrevistas.[8] Os gerentes foram instruídos a maximizar a permanência nesses cargos.

O teste em si foi extenso, incluindo habilidades cognitivas e indicadores de desempenho. Além disso, quando o poder de decisão dos gerentes de contratação era restrito — impedindo que ignorassem as pontuações dos testes quando eram desfavoráveis —, uma permanência no emprego ainda maior e uma taxa de abandono reduzida ocorreram. Assim, mesmo quando instruídos a maximizar a permanência no emprego, quando efetuaram experimentos na contratação e quando receberam o auxílio das predições de máquinas razoavelmente precisas, os gerentes ainda fizeram predições ruins.

Quando as Máquinas São Fracas na Predição

O ex-secretário de defesa Donald Rumsfeld disse uma vez:

> Existem conhecidos conhecidos; há coisas que sabemos que sabemos. Também sabemos que existem desconhecidos conhecidos; isto é, sabemos que há algumas coisas que não sabemos. Mas também há desconhecidos desconhecidos — aquilo que não sabemos que não sabemos. E, se olharmos ao longo da história do nosso país e de outros países livres, a última categoria tende a ser a mais difícil.[9]

Essa ideia fornece uma estrutura útil para entender as condições sob as quais as máquinas preditivas fracassam. Primeiro, nos *conhecidos conhecidos* temos dados abundantes e sabemos que podemos fazer boas predições. Segundo, nos *desconhecidos conhecidos* temos poucos dados e sabemos que a predição será difícil. Terceiro, os *desconhecidos desconhecidos* são aqueles eventos que não são capturados pela experiência passada ou que não estão presentes nos dados, mas que são possíveis; portanto, a predição é difícil, embora possamos não nos dar conta disso. Por fim, há uma categoria que Rumsfeld não identificou, os *conhecidos desconhecidos,* quando uma associação que parece ser forte no passado é o resultado de algum fator desconhecido ou não observado que muda com o tempo e faz predições que pensávamos não ser confiáveis. As máquinas preditivas falham precisamente quando é difícil prever com base nos limites bem compreendidos da estatística.

Conhecidos Conhecidos

Com dados abundantes, a predição da máquina pode funcionar bem. A máquina conhece a situação, no sentido que fornece uma boa predição. E sabemos que a predição é boa. Esse é o ponto ideal para a atual geração de inteligência de máquina. A detecção de fraudes, o diagnóstico médico, os jogadores de beisebol e as decisões de fiança estão todos incluídos nessa categoria.

Desconhecidos Conhecidos

Mesmo os melhores modelos de predição de hoje (e do futuro próximo) exigem grandes quantidades de dados, o que significa que sabemos que nossas predições serão relativamente ruins em situações em que não temos muitos dados. Sabemos que não sabemos: desconhecidos conhecidos.

Podemos não ter muitos dados porque alguns eventos são raros, então prevê-los é um desafio. As eleições presidenciais nos EUA acontecem apenas a cada quatro anos, e os candidatos e o cenário político mudam. Prever uma eleição presidencial daqui a alguns anos é quase impossível. A eleição de 2016 mostrou que até mesmo prever o resultado alguns dias antes, ou ainda no dia da eleição, é difícil. Grandes terremotos são tão suficientemente (e felizmente) raros que prever quando, onde e suas proporções até agora se provou muito complexo. (Sim, os sismólogos estão trabalhando nisso.)

Ao contrário das máquinas, as pessoas, às vezes, são extremamente boas em predizer com poucos dados. Podemos reconhecer um rosto depois de vê-lo apenas uma ou duas vezes, mesmo se o virmos de um ângulo diferente. Podemos identificar um colega da quarta série 40 anos depois, apesar das inúmeras mudanças na aparência. Desde muito cedo, podemos adivinhar a trajetória de uma bola (mesmo que nem sempre tenhamos coordenação suficiente para apanhá-la). Também somos bons em analogia, usando novas situações e identificando outras circunstâncias que são similares o suficiente para serem úteis em um novo cenário. Por exemplo, os cientistas imaginaram o átomo como um sistema solar em miniatura por décadas, e ainda é ensinado dessa maneira em muitas escolas.[11]

Enquanto os cientistas da computação estão trabalhando para reduzir a necessidade de dados das máquinas, desenvolvendo técnicas como “aprendizado instantâneo”, em que as máquinas aprendem a prever bem um objeto depois de vê-lo apenas uma vez, as máquinas preditivas atuais ainda não são adequadas.[12] Como esses são desconhecidos *conhecidos* e os humanos ainda são melhores nas decisões diante de desconhecidos conhecidos, as pessoas que gerenciam a máquina sabem que tais situações podem surgir e, assim, podem programá-la para chamar um humano para obter ajuda.

Desconhecidos Desconhecidos

Para uma predição, alguém precisa dizer a uma máquina o que vale a pena prever. Se algo nunca aconteceu antes, uma máquina não é capaz de prever (pelo menos sem o julgamento cuidadoso de um humano para oferecer uma analogia útil que permita que a máquina preveja o uso de informações sobre outra coisa).

Nassim Nicholas Taleb enfatiza os desconhecidos desconhecidos em seu livro *A Lógica do Cisne Negro*.[13] Ele destaca que não podemos prever eventos verdadeiramente novos a partir de dados passados. O título do livro refere-se à descoberta dos europeus de um novo tipo de cisne na Austrália. Para os europeus do século XVIII, os cisnes eram brancos. Ao chegar à Austrália, viram algo totalmente novo e imprevisível: cisnes negros. Como nunca tinham visto cisnes negros, não tinham informações que pudessem prever sua existência.[14] Taleb argumenta que as aparições de outras incógnitas desconhecidas têm consequências importantes — ao contrário do aparecimento de cisnes negros, que teve pouco impacto para a sociedade europeia ou australiana.

Por exemplo, os anos 1990 foram um bom momento para estar na indústria musical.[15] As vendas de CDs estavam crescendo, e a receita subia constantemente. O futuro parecia brilhante. Então, em 1999, Shawn Fanning, de 18 anos, desenvolveu o Napster, um programa que permitia que as pessoas compartilhassem arquivos de música gratuitamente pela internet. Logo, as pessoas haviam baixado milhões desses arquivos, e a receita da indústria musical começou a cair. A indústria ainda não se recuperou.

Fanning era um desconhecido desconhecido. A predição de máquina não poderia prever sua chegada. É certo que, como Taleb e outros enfatizaram, os humanos também são relativamente ruins em prever incógnitas desconhecidas. Diante de desconhecidos desconhecidos, tanto humanos como máquinas falham.

Conhecidos Desconhecidos

Talvez a maior fraqueza das máquinas preditivas seja que, às vezes, elas fornecem respostas erradas confiantes de que estão certas. Como descrevemos anteriormente, no caso de desconhecidos conhecidos, os humanos entendem a imprecisão da predição. A predição vem com um intervalo de confiança que revela sua imprecisão. No caso de desconhecidos desconhecidos, os humanos não acham que têm as respostas. Em contraste, com conhecidos desconhecidos, as máquinas preditivas parecem fornecer uma resposta muito precisa, mas essa resposta pode estar muito errada.

Por que isso ocorre? Porque, enquanto os dados informam as decisões, eles também podem surgir delas. Se a máquina não entender o processo de decisão que gerou os dados, suas predições poderão falhar. Por exemplo, suponha que você esteja interessado em prever se utilizará ou não as máquinas preditivas em sua organização. Você já está em vantagem. Acontece que a leitura deste livro é um excelente preditor de que você é um gerente que usará máquinas preditivas.

Por quê? Por pelo menos três razões possíveis. Primeiro, e mais diretamente, os insights neste livro serão úteis, de modo que sua leitura faz com que você aprenda sobre as máquinas preditivas e, portanto, realmente incorpore essas ferramentas em sua empresa de forma eficaz.

A segunda é uma razão chamada "causalidade reversa". Você está lendo este livro porque já usa máquinas preditivas ou tem planos definidos para fazê-lo no futuro próximo. O livro não provocou a adoção da tecnologia; em vez disso, a adoção da tecnologia (talvez pendente) levou você a ler este livro.

A terceira é uma razão chamada de "variável omitida". Você é o tipo de pessoa que está interessada em tendências tecnológicas e em gestão. E, por isso, decidiu ler este livro. Você também usa novas tecnologias, como máquinas preditivas, em seu trabalho. Nesse caso, suas preferências subjacentes por tecnologia e gestão foram a causa tanto da leitura deste livro quanto do uso de máquinas preditivas.

Às vezes, essa distinção não é relevante. Se tudo o que importa é saber se uma pessoa que está lendo este livro adotará máquinas preditivas, não importa o que causa o quê. Se você vir alguém lendo este livro, poderá fazer uma predição informada de que essa pessoa usará máquinas preditivas em seu trabalho.

Em outras, essa distinção é importante. Se está pensando em recomendar este livro para seus amigos, você o fará se o livro o transformar em um gerente melhor usando as máquinas preditivas. O que gostaria de saber? Você começaria com o fato de que leu o livro. Então, seria bom espiar o futuro e observar o quanto se sai bem no gerenciamento de IA. Suponha que consiga ver o futuro perfeitamente. Você foi extremamente bem-sucedido em gerenciar máquinas preditivas, elas se tornaram a essência de sua organização e você e sua organização alcançaram um sucesso muito além do sonhado. Poderia dizer, então, que ler este livro foi a causa desse sucesso?

Não.

Para descobrir se a leitura deste livro teve algum impacto, você também precisa saber o que teria acontecido se *não o tivesse* lido. Mas você não tem esses dados. Será preciso observar o que os economistas e os estatísticos chamam de "contrafactual": o que teria acontecido se você tomasse uma atitude diferente. Determinar se uma ação causa um resultado requer duas predições: primeiro, que resultado ocorrerá após a atitude ser tomada e, segundo, que resultado teria acontecido se uma ação diferente fosse tomada. Isso é impossível. Você nunca terá dados sobre a ação *não* executada.[16]

Esse é um problema recorrente na predição de máquinas. Em seu livro, *Deep Thinking* (sem tradução no Brasil), o grande mestre de xadrez Garry Kasporov discute uma questão relacionada a um algoritmo de aprendizado de máquina para o xadrez:

> Quando Michie e alguns colegas escreveram um programa experimental de aprendizado de máquina baseado em dados de xadrez, no início dos anos 1980, obtiveram um resultado divertido. Eles forneceram à máquina centenas de milhares de posições de jogos de Grandes Mestres, esperando descobrir o que funcionava e o que não funcionava. No começo, pareceu dar certo. Sua avaliação de posições foi mais precisa do que a dos programas convencionais.

> O problema veio quando eles realmente jogaram uma partida de xadrez. O programa distribuiu suas peças, lançou um ataque e imediatamente sacrificou sua rainha! Perdeu em apenas alguns movimentos, tendo desistido da rainha por quase nada. Por que isso aconteceu? Bem, quando um Grande Mestre sacrifica sua rainha, é quase sempre um golpe brilhante e decisivo. Para a máquina, treinada apenas com jogos de Grandes Mestres, desistir de sua rainha era claramente a chave para o sucesso![17]

A máquina inverteu a sequência causal. Sem entender que os grandes mestres sacrificam a rainha somente quando isso cria um caminho curto e claro para a vitória, a máquina aprendeu que vencer ocorre pouco depois de sacrificar a rainha. Então, sacrificar a rainha erroneamente pareceu ser o caminho para vencer. Embora essa questão específica na predição de máquinas tenha sido resolvida, a causalidade reversa continua a ser um desafio para as máquinas preditivas.

Esse problema aparece com frequência nos negócios também. Em muitos setores, os preços baixos estão associados a baixas vendas. Por exemplo, na indústria hoteleira, os preços são baixos fora da estação turística, e são altos quando a demanda é maior e os hotéis estão lotados. Considerando esses dados, uma predição ingênua poderia sugerir que aumentar o preço levaria a mais quartos alugados. Uma pessoa — pelo menos uma com algum treinamento em economia — entenderia que as mudanças de preço provavelmente são causadas pelo alto nível de demanda, e não o contrário. Então, o aumento do preço não deve aumentar as vendas. Essa pessoa pode então trabalhar com a máquina para identificar os dados corretos (como opções individuais de quartos de hotel com base no preço) e modelos apropriados (que levam em conta a sazonalidade e outros fatores de demanda e oferta) para melhor prever as vendas em preços diferentes. Assim, para a máquina, isso é um conhecido desconhecido, mas, para uma pessoa, com uma compreensão de como os preços são determinados, isso será um desconhecido conhecido ou talvez até um conhecido conhecido, se o humano puder modelar apropriadamente a decisão de precificação.

A questão dos conhecidos desconhecidos e da inferência causal é ainda mais importante na presença do comportamento estratégico dos outros. Os resultados da pesquisa do Google vêm de um algoritmo secreto. Esse algoritmo é amplamente determinado por máquinas preditivas que preveem em quais links alguém provavelmente clicará. Para um gerente de site, uma classificação mais alta significa mais visitantes para o site e mais vendas. A maioria dos gerentes de sites reconhece isso e realiza a otimização do mecanismo de pesquisa: eles adaptam seus sites para tentar melhorar sua classificação nos resultados de pesquisa do Google. Essas adaptações são muitas vezes formas de identificar aspectos idiossincráticos do algoritmo, de modo que, com o passar do tempo, o mecanismo de busca fica cheio de spam, links que não são o que a pessoa realmente procura, mas sim os resultados dos gerentes de sites manipulando o algoritmo.

As máquinas preditivas fazem um excelente trabalho em curto prazo, em termos de prever no que as pessoas vão clicar. Mas, depois de semanas ou meses, tantos gerentes de sites encontraram maneiras de manipular o sistema que o Google precisa alterar substancialmente o modelo de predição. Esse vai e vem entre o mecanismo de pesquisa e os spammers do mecanismo de pesquisa ocorre porque a máquina preditiva pode ser manipulada. Embora o Google tenha tentado criar um sistema que torne essa manipulação inútil, também reconhece a fragilidade de confiar totalmente em máquinas preditivas e usa o julgamento humano para otimizar a máquina diante de tais spams.[18] O Instagram também está em uma batalha constante com spammers, atualizando os algoritmos usados para capturar regularmente spam e material ofensivo.[19] De modo mais amplo, uma vez que os humanos identificam tais problemas, não são mais conhecidos desconhecidos. Ou eles encontram soluções para gerar boas predições, de modo que os problemas se tornam conhecidos conhecidos que podem exigir que humanos e máquinas trabalhem juntos; ou não conseguem encontrar soluções e, assim, se tornam desconhecidos conhecidos.

A predição de máquina é extremamente poderosa, mas tem limitações. Não funciona bem com dados limitados. Alguns humanos bem treinados podem reconhecer essas limitações, seja por causa de eventos raros ou problemas de inferência causal, e melhorar as predições de máquina. Para isso, esses humanos precisam entender a máquina.

Prevendo Melhor Juntos

Às vezes, a combinação de humanos e máquinas gera as melhores predições, cada um complementando as fraquezas do outro. Em 2016, uma equipe de pesquisadores de IA de Harvard/MIT venceu o Camelyon Grand Challenge, um concurso que faz detecção computadorizada de câncer de mama metastático a partir de lâminas de biópsias. O algoritmo de aprendizado profundo da equipe vencedora previu corretamente em 92,5% das vezes em comparação com um patologista humano, cujo desempenho foi de 96,6%. Embora isso parecesse uma vitória para a humanidade, os pesquisadores foram além e combinaram as predições de seu algoritmo e de um patologista. O resultado foi uma acurácia de 99,5%.[20] Ou seja, a taxa de erro humano caiu de 3,4% para apenas 0,5%. Os erros diminuíram 85%.

Essa é uma clássica divisão de trabalho, mas não física, como Adam Smith descreveu. Em vez disso, é uma divisão de trabalho cognitiva, que o economista e pioneiro da computação Charles Babbage descreveu inicialmente no século XIX: "O efeito da divisão de trabalho, tanto em processos mecânicos quanto mentais, é o que nos permite adquirir e aplicar precisamente a quantidade de habilidade e conhecimento necessária para isso."[21]

O ser humano e a máquina são bons em diferentes aspectos da predição. O patologista humano geralmente acertava ao afirmar que havia câncer. Era incomum ter uma situação em que o humano dizia haver câncer e estava enganado. Em contraste, a IA foi muito mais precisa ao dizer quando o câncer não estava lá. O ser humano e a máquina cometeram diferentes tipos de erros. Ao reconhecer essas diferentes capacidades, combinar a predição humana e a de máquina superou esses pontos fracos, então sua combinação reduziu drasticamente a taxa de erro.

Como essa colaboração se aplica em um ambiente corporativo? A predição da máquina pode aumentar a produtividade da humana por meio de dois caminhos amplos. O primeiro é fornecer uma predição inicial que os humanos possam usar para combinar com as próprias avaliações. O segundo é fornecer uma segunda opinião após o fato ou um caminho de monitoramento. Dessa forma, o chefe pode garantir que o humano está trabalhando arduamente e se dedicando à predição. Na ausência de tal monitoramento, o ser humano pode não trabalhar o suficiente. A teoria é que as pessoas que precisam explicar os motivos de sua predição diferir de um algoritmo objetivo só podem ignorar a decisão da máquina se fizerem um esforço extra para garantir que estão suficientemente confiantes.

Um excelente local para examinar essas interações é a predição sobre a classificação de crédito dos solicitantes de empréstimos. Daniel Paravisini e Antoinette Schoar examinaram a avaliação de um banco colombiano de candidatos a empréstimos para pequenas empresas após a introdução de um novo sistema de pontuação de crédito.[22] O sistema de pontuação informatizado pegou uma variedade de informações sobre os candidatos e agregou-a em uma única medida capaz de prever o risco. Em seguida, um comitê de funcionários do setor de empréstimos do banco usou a pontuação e seus próprios processos para aprovar, rejeitar ou encaminhar o empréstimo a um gerente regional para decisão.

Um estudo randomizado controlado, não um decreto de gestão, determinou se o escore era introduzido antes ou depois da decisão. Assim, a pontuação forneceu uma boa base para avaliar cientificamente seu impacto na tomada de decisão. Um grupo de funcionários recebeu a pontuação antes de se encontrar para deliberar. Isso é análogo à primeira maneira de colaborar com uma máquina, na qual a predição da máquina informa a decisão humana. Outro grupo de funcionários só recebeu a pontuação depois de fazer uma avaliação inicial. Isso é análogo à segunda maneira de colaborar com uma máquina, na qual a predição da máquina ajuda a monitorar a qualidade da decisão humana. A diferença entre o primeiro e o segundo tratamentos seria se a pontuação estava fornecendo informações ou não para os tomadores de decisão humanos.

Em ambos os casos, o escore ajudou, embora a melhora tenha sido maior quando ele foi fornecido com antecedência. Nesse caso, o comitê tomou melhores decisões e pediu ajuda ao gerente com menos frequência. As predições capacitaram os gerentes de nível inferior, fornecendo informações. No outro caso, quando o comitê obteve a pontuação depois, a tomada de decisões melhorou, porque as predições ajudaram os gerentes de nível superior a monitorar os comitês. Isso aumentou os incentivos do comitê para garantir a qualidade de suas decisões.

Para um par predição de máquina/predição humana gerar uma predição melhor, é necessário compreender os limites do humano e da máquina. No caso dos comitês de solicitação de empréstimos, os seres humanos podem fazer predições tendenciosas ou podem se esquivar do esforço. As máquinas podem não ter informações importantes. Embora muitas vezes enfatizemos o trabalho em equipe e o coleguismo nas colaborações entre humanos, talvez não pensemos em pares homem-máquina como equipes. Para que os seres humanos melhorem a predição das máquinas, e vice-versa, é importante compreender as fraquezas tanto dos seres humanos quanto das máquinas e combiná-las de modo que supere essas falhas.

Predição por Exceção

Um benefício importante das máquinas preditivas é que elas podem ser escalonadas de uma maneira impossível para os humanos. Uma desvantagem é que têm dificuldade em fazer predições em casos incomuns, para os quais não há muitos dados históricos. Combinado, isso significa que muitas colaborações homem-máquina tomarão a forma de "predição por exceção".

Como já discutimos, as máquinas preditivas aprendem quando os dados são completos, o que acontece quando lidam com cenários mais rotineiros ou frequentes. Nessas situações, a máquina preditiva opera sem a necessidade da atenção de um parceiro humano. Em contraste, quando ocorre uma exceção — um cenário que não é rotineiro —, ela é comunicada ao ser humano, e ele precisa trabalhar mais para melhorar e verificar a predição. Essa "predição por exceção" é exatamente o que aconteceu com o comitê de empréstimos do banco colombiano.

A ideia da predição por exceção tem seus antecedentes na técnica gerencial de "gerenciamento por exceção". Ao apresentar predições, o ser humano é, em muitos aspectos, o supervisor da máquina preditiva. Um gerente humano tem muitas tarefas difíceis; para economizar seu tempo, a relação de trabalho é envolver a atenção do ser humano apenas quando realmente necessário. O fato de ser necessário apenas raramente significa que um ser humano pode facilmente aproveitar as vantagens de uma máquina preditiva nas predições de rotina.

A predição por exceção é essencial para o funcionamento do produto inicial da Chisel. O primeiro produto da Chisel, de que tratamos no início do capítulo, pegou vários documentos e identificou e editou informações confidenciais. Esse procedimento laborioso surge em muitas situações legais em que os documentos só podem ser divulgados a outras partes ou publicamente se certas informações estiverem ocultas.

O editor Chisel baseou-se em predição por exceção na primeira etapa da tarefa.[23] Em particular, um usuário pode efetivamente definir que o editor seja rigoroso ou ameno. O limite de um editor rigoroso para o que pode ser bloqueado seria mais amplo do que para uma versão mais amena. Por exemplo, se você está preocupado em deixar informações confidenciais não editadas ou visíveis, escolhe uma configuração rigorosa. Mas, se está preocupado em fazer uma divulgação insuficiente, escolhe uma configuração mais amena. A Chisel forneceu uma interface fácil de usar para que uma pessoa analise as edições e as aceite ou rejeite. Em outras palavras, cada edição foi uma recomendação, e não uma decisão final. A autoridade final ainda é de um ser humano.

O produto da Chisel combina humanos e máquinas para superar as fraquezas de ambos. A máquina trabalha mais rapidamente que um ser humano e fornece uma medida consistente em todos os documentos. O humano pode intervir quando a máquina não tem dados suficientes para fazer uma boa predição.

PONTOS PRINCIPAIS

- Seres humanos, incluindo profissionais, fazem predições ruins sob certas condições. Em geral, pesam excessivamente informações marcantes e não levam em conta propriedades estatísticas. Muitos estudos científicos documentam essas deficiências em uma ampla variedade de profissões. O fenômeno foi ilustrado no filme *O Homem que Mudou o Jogo*.

- Máquinas e seres humanos têm pontos fortes e fracos distintos no contexto da predição. À medida que as máquinas melhoram, as empresas precisam ajustar a divisão do trabalho entre elas e as pessoas. As máquinas preditivas são melhores que os seres humanos ao fatorar interações complexas entre indicadores diferentes, especialmente em ambientes com dados abundantes. À medida que o número de dimensões para essas interações cresce, a capacidade das pessoas de formar predições precisas diminui, sobretudo em relação às máquinas. No entanto, elas geralmente são melhores que as máquinas ao entender que o processo de geração de dados confere uma vantagem preditiva, em particular com poucos dados. Descrevemos uma taxonomia de configurações de predição (isto é, conhecidos conhecidos, desconhecidos conhecidos, desconhecidos desconhecidos e conhecidos desconhecidos) útil para antecipar a divisão apropriada de trabalho.
- As máquinas preditivas podem ser escalonadas. O custo unitário por predição diminui à medida que a frequência aumenta. A predição humana não escala da mesma maneira. No entanto, os seres humanos têm modelos cognitivos de como o mundo funciona e, portanto, fazem predições com base em pequenas quantidades de dados. Assim, antevemos um aumento na *predição humana por exceção*, por meio da qual as máquinas geram a maioria das predições, porque se baseiam em dados regulares e de rotina; mas, quando ocorrem eventos raros, a máquina reconhece que não é capaz de produzir uma predição com confiança e, portanto, solicita ajuda humana. O ser humano fornece predição por exceção.

PARTE 2

Tomada de Decisão

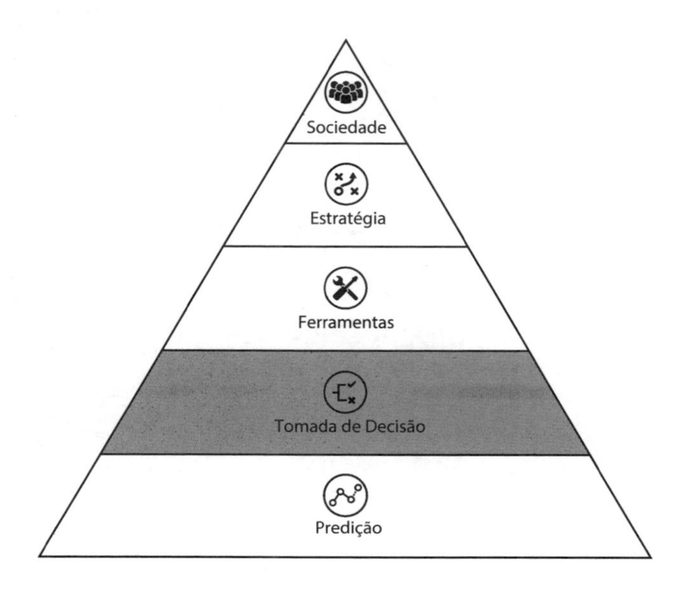

7

Desmembrando as Decisões

Normalmente associamos a tomada de decisão a grandes escolhas: devo comprar esta casa? Eu deveria frequentar esta escola? Eu deveria me casar com essa pessoa? Sem dúvida, essas decisões de mudança de vida, embora episódicas, são importantes.

Mas também tomamos pequenas decisões o tempo todo: devo continuar sentado nesta cadeira? Eu deveria continuar andando por esta rua? Devo continuar pagando esta fatura mensal? E como a grande banda de rock canadense Rush diz em seu hino ao livre-arbítrio: “Se você escolher não decidir, ainda terá feito uma escolha.” Lidamos com muitas de nossas pequenas decisões no piloto automático, talvez apenas aceitando o padrão, optando por concentrar toda a nossa atenção em decisões maiores. No entanto, decidir não decidir ainda é uma decisão.

A tomada de decisões está no centro da maioria das ocupações. Professores decidem como educar seus alunos, que possuem diferentes personalidades e estilos de aprendizagem. Os gerentes decidem quem recrutar para sua equipe e quem promover. Os zeladores decidem como lidar com eventos inesperados, como vazamentos e riscos de segurança. Os motoristas de caminhão decidem como responder a fechamento de rotas e acidentes de trânsito. Policiais decidem como lidar com indivíduos suspeitos e situações potencialmente perigosas. Os médicos decidem qual medicamento prescrever e quando administrar testes caros. Os pais decidem quanto tempo seus filhos podem passar na frente de uma tela.

Decisões como essas geralmente ocorrem em condições de incerteza. O professor não sabe ao certo se uma criança em especial aprenderá melhor através de uma abordagem de ensino ou de outra. O gerente não sabe ao certo se um candidato ao emprego terá um bom desempenho ou não. O médico não sabe ao certo se é necessário administrar um exame caro. Cada um deles deve prever.

Mas uma predição não é uma decisão. Tomar uma decisão requer julgar uma predição e depois agir. Antes dos recentes avanços na inteligência de máquinas, essa distinção era apenas de interesse acadêmico, porque os humanos sempre realizavam predições e julgamentos juntos. Agora, avanços na predição de máquina significam que temos que examinar a anatomia de uma decisão.

A Anatomia de uma Decisão

As máquinas preditivas terão seu impacto mais imediato no nível da decisão. Mas as decisões têm seis outros elementos principais (veja a Figura 7-1). Quando alguém (ou algo) toma uma decisão, usa os *dados de entrada* do mundo, que possibilitam uma *predição*. Essa predição é possível porque ocorreu um *treinamento* sobre as relações entre os diferentes tipos de dados e sobre quais se associam mais intimamente a uma situação. Combinando a predição com o *julgamento* sobre o que importa, o tomador de decisão então escolhe uma *ação*. A ação leva a um *resultado* (com uma recompensa ou compensação associada). O resultado é uma consequência da decisão. Ele é necessário para fornecer uma imagem completa. O resultado também fornece *feedback* para ajudar a melhorar a próxima predição.

Imagine que você esteja com dor na perna e vá ao médico. O médico o examina, faz um raio X, exame de sangue e algumas perguntas, resultando

Figura 7-1:

Anatomia de uma tarefa

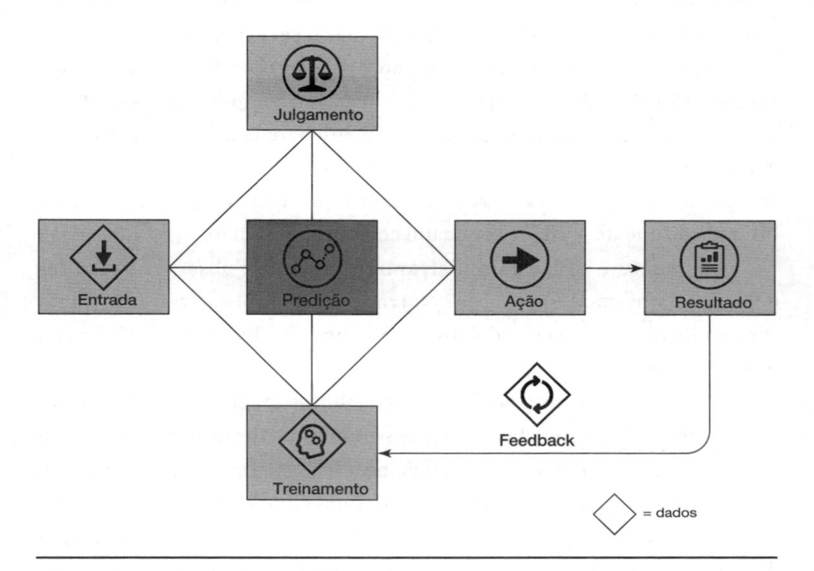

em dados de entrada. Usando essa informação, e com base em anos de estudo e em muitos outros pacientes que são mais ou menos como você (ou seja, treinamento e feedback), o médico faz uma previsão: "Você provavelmente tem cãibras musculares, embora haja uma pequena chance de que tenha coágulo sanguíneo."

Junto a essa avaliação, há o julgamento. O julgamento do médico leva em conta outros dados (incluindo intuição e experiência). Suponha que, se for uma cãibra muscular, o tratamento seja repouso. Se for um coágulo sanguíneo, então o tratamento é uma droga sem efeitos colaterais em longo prazo, mas que causa desconforto leve a muitas pessoas. Se o médico erroneamente tratar sua cãibra muscular com o tratamento do coágulo sanguíneo, você sentirá desconforto por um curto período de tempo. Se o médico tratar erroneamente o coágulo sanguíneo com repouso, existe a possibilidade de complicações sérias ou mesmo morte. O julgamento envolve a determinação do resultado relativo associado a cada resultado possível, incluindo aqueles associados a decisões "corretas", bem como aqueles associados a erros (nesse caso, benefícios associados a cura, desconforto leve e complicações graves). Determinar as compensações para todos os resultados possíveis é um passo necessário para decidir quando escolher o tratamento medicamentoso, optando pelo desconforto leve e reduzindo o risco de uma séria complicação, em comparação a escolher o descanso. Então, julgando a previsão, o médico toma uma decisão, talvez considerando sua idade e preferências de risco, de que você deva fazer o tratamento para a cãibra muscular, mesmo que haja uma pequena probabilidade de que na verdade tenha um coágulo sanguíneo.

Finalmente, a ação é administrar o tratamento e observar o resultado: a dor na perna desapareceu? Outras complicações surgiram? O médico pode usar esse resultado observado como feedback para informar a próxima previsão.

Ao desmembrar uma decisão em elementos, podemos pensar claramente em quais partes das atividades humanas diminuirão em valor e quais aumentarão como resultado da predição aprimorada da máquina. Mais claramente, para a predição em si, uma máquina preditiva é geralmente um substituto melhor para a predição humana. Como a predição da máquina substitui cada vez mais a dos humanos, o valor da última diminuirá. Mas um ponto essencial é que, embora a predição seja um componente fundamental de qualquer decisão, ela não é o único componente. Os outros elementos de uma decisão — julgamento, dados e ação — permanecem, por enquanto, firmemente no reino de domínio dos humanos. Eles complementam a predição, o que significa que aumentam de valor à medida que a predição se torna barata. Por exemplo, podemos estar mais dispostos a nos empenhar no julgamento de decisões que anteriormente decidimos não decidir (por exemplo, aceitando o padrão), porque as máquinas preditivas agora oferecem predições melhores, mais rápidas e baratas. Nesse caso, a demanda por julgamento humano aumentará.

Perdendo o Conhecimento

"O Conhecimento" é o tema de um teste que os taxistas de Londres fazem para conduzir os célebres táxis pretos da cidade. O teste envolve conhecer a localização de milhares de pontos e ruas da cidade e — esta é a parte mais difícil — prever a rota mais curta ou mais rápida entre dois pontos a qualquer hora do dia. A quantidade de informação para uma cidade comum é impressionante, mas Londres não é comum. É uma massa de aldeias e cidades, anteriormente independentes, que cresceram juntas nos últimos dois mil anos em uma metrópole global. Para passar no teste, os taxistas em potencial precisam de uma pontuação quase perfeita. Não é de se surpreender que passar no teste leve, em média, *três anos*, incluindo não apenas o tempo gasto estudando mapas, mas também percorrendo a cidade em ciclomotores memorizando e visualizando rotas. Mas, depois de conquistar os respeitados crachás verdes, seus orgulhosos proprietários se tornam fonte de conhecimento.[1]

Você sabe aonde essa história vai chegar. Uma década atrás, o conhecimento dos motoristas de táxi de Londres era sua vantagem competitiva. Ninguém poderia fornecer o mesmo grau de serviço. As pessoas que poderiam ir a pé escolhiam pegar um táxi só porque os motoristas sabiam o caminho. Mas, apenas cinco anos depois, um simples GPS móvel, ou sistema de navegação por satélite, deu aos motoristas comuns acesso a dados e predições que outrora foram o superpoder daqueles taxistas. Hoje, os mesmos superpoderes estão disponíveis gratuitamente na maioria dos telefones celulares. As pessoas não se perdem. As pessoas sabem o caminho mais rápido. E agora o telefone está um passo à frente, pois é atualizado em tempo real com informações de trânsito.

Os taxistas que investiram três anos de estudo para aprender "O Conhecimento" não sabiam que um dia competiriam com máquinas preditivas. Ao longo dos anos, eles carregaram mapas em sua memória, testaram rotas e preencheram as lacunas com seu bom senso. Agora, as aplicações de navegação têm acesso aos mesmos dados do mapa e conseguem, através de uma combinação de algoritmos e treinamento preditivo, encontrar a melhor rota sempre que solicitada, usando dados em tempo real sobre o tráfego que o taxista não saberia.

Contudo, o destino dos taxistas de Londres não dependia apenas da capacidade de as aplicações de navegação preverem "O Conhecimento", mas também de outros elementos cruciais para escolher a melhor rota do ponto A ao B. Primeiro, os taxistas eram capazes de conduzir um veículo motorizado. Segundo, possuíam sensores integrados — seus olhos e, mais importante, ouvidos — que alimentavam dados contextuais em seus cérebros para garantir que aplicassem bem seus conhecimentos. Mas o mesmo aconteceu com outras pessoas. Nenhum taxista de Londres piorou em seu trabalho por causa de aplicações de navegação. Em vez disso, milhões de outros motoristas comuns se tornaram muito melhores. O conhecimento dos taxistas não era mais um bem escasso, e isso os expôs à concorrência das plataformas de compartilhamento de carona, como a Uber.

Os outros motoristas poderiam obter "O Conhecimento" em seus telefones, e as predições das rotas mais rápidas significavam que conseguiriam fornecer um serviço equivalente. Quando a predição de máquinas de alta qualidade se tornou barata, a humana caiu de valor, de modo que os taxistas ficaram em piores condições. O número de corridas nos táxis pretos de Londres caiu. Outras pessoas passaram a fornecer o mesmo serviço em seu lugar. Os "novos" motoristas também tinham habilidades de direção e sensores humanos, ativos complementares que aumentaram de valor à medida que a predição se tornava barata.

É claro que carros autônomos podem acabar substituindo essas habilidades e sentidos, mas voltaremos a essa história mais tarde. Nosso ponto aqui é que entender o impacto da predição de máquina requer uma compreensão dos vários aspectos das decisões, conforme descrito pela anatomia de uma decisão.

Você Deveria Levar um Guarda-chuva?

Até agora, fomos um pouco imprecisos sobre o que realmente é o julgamento. Para explicá-lo, apresentamos uma ferramenta de tomada de decisão: a árvore de decisão.[2] Ela é especialmente útil para decisões na incerteza, quando você não sabe o que acontecerá se fizer uma escolha específica.

Vamos considerar uma escolha familiar que você pode enfrentar. Você deveria levar um guarda-chuva em uma caminhada? Você pode pensar que um guarda-chuva é uma coisa que você mantém sobre sua cabeça para ficar seco, e estaria certo. Mas um guarda-chuva também é uma espécie de seguro, nesse caso, contra a possibilidade de chuva. Portanto, a estrutura se aplica a qualquer decisão semelhante a um seguro para reduzir o risco.

Obviamente, se você soubesse que não vai chover, deixaria o guarda-chuva em casa. Por outro lado, se soubesse que vai chover, certamente o levaria com você. Na Figura 7-2, representamos essa situação usando um diagrama em forma de árvore. Na raiz da árvore, há dois ramos representando as escolhas possíveis: "deixar o guarda-chuva" e "levar o guarda-chuva". Estendendo-se a partir desses dois ramos está o que você não tem certeza: "chuva" versus "sol". Sem uma boa previsão do tempo,

Figura 7-2:

Devo levar o guarda-chuva?

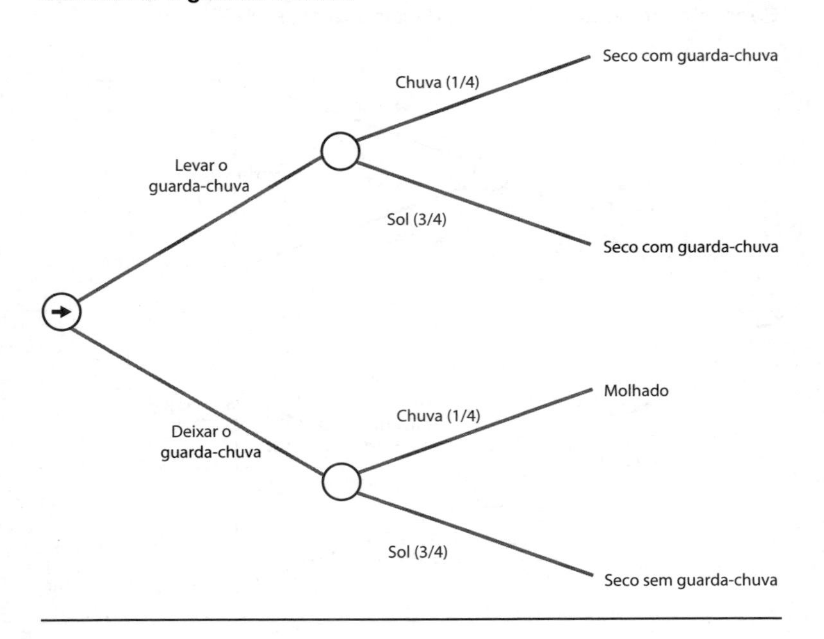

você não tem como saber. É possível saber que, nessa época do ano, o sol é três vezes mais provável que a chuva. Isso lhe daria uma probabilidade de três quartos de sol e de um quarto de chuva. Essa é sua previsão. Finalmente, nas pontas dos ramos estão as consequências. Se você não levar o guarda-chuva e chover, ficará molhado, e assim por diante.

Que decisão você deveria tomar? É aqui que o julgamento entra em cena. Julgamento é o processo de determinar a recompensa por uma ação particular em um ambiente particular. Trata-se de elaborar o objetivo que você realmente busca. O julgamento envolve determinar o que chamamos de "função de recompensa", as recompensas e penalidades relativas associadas a ações específicas que produzem resultados específicos. Molhado ou seco? Sobrecarregado por ter que carregar o guarda-chuva ou despreocupado?

Vamos supor que você prefira ficar seco sem um guarda-chuva (sua avaliação é 10 de 10) a estar seco, mas carregando um (8 de 10) e mais do

FIGURA 7-3

Benefício médio de se levar ou deixar o guarda-chuva

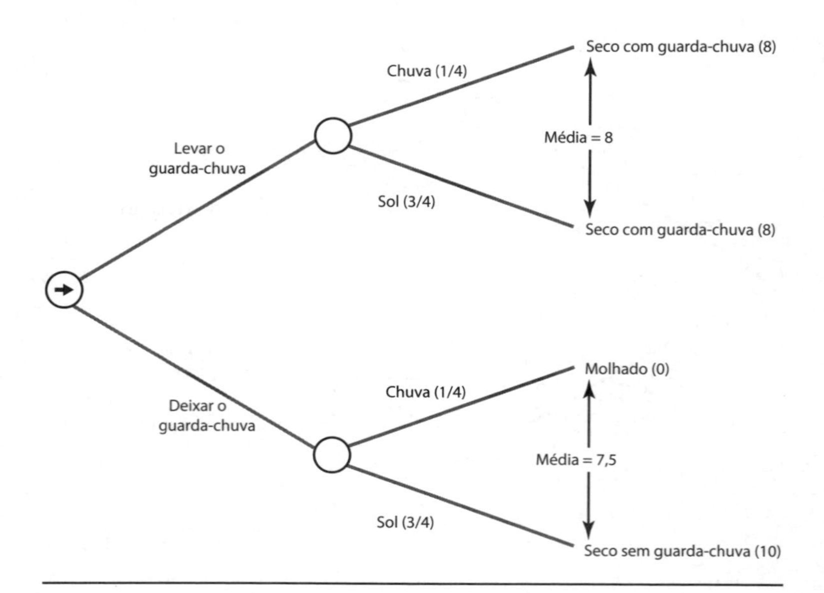

que se molhar (um grande e redondo 0). (Veja a Figura 7-3.) Isso lhe dá o suficiente para agir. Com a previsão de 15 minutos sobre a chuva e o julgamento das recompensas de estar molhado ou carregando um guarda-chuva, você calcula seu retorno médio de o levar versus deixar. Com base nisso, é melhor levar o guarda-chuva (uma recompensa média de 8) do que o deixar (uma recompensa média de 7,5).[3]

Se você realmente odeia carregar um guarda-chuva (6 de 10), seu julgamento sobre as preferências também pode ser acomodado. Nesse caso, a recompensa média de deixar um guarda-chuva em casa é inalterada (em 7,5), enquanto a recompensa de levá-lo é agora 6. Então, esses odiadores de guarda-chuva o deixarão em casa.

Esse exemplo é trivial: claro, pessoas que odeiam mais guarda-chuvas do que ficar molhadas os deixam em casa. Mas a árvore de decisão também é uma ferramenta útil para descobrir recompensas para decisões não triviais, e essa é a essência do julgamento. Aqui, a ação é levar o guarda-chuva, a previsão é chuva ou sol, o resultado é se você vai ou não se molhar, e o julgamento antecipa a felicidade ("recompensa") de estar molhado ou seco, com ou sem guarda-chuva. Conforme a previsão se torna melhor, mais rápida e mais barata, mais a usaremos para tomar mais decisões, então também precisaremos de mais julgamento humano e, assim, seu valor aumentará.

PONTOS PRINCIPAIS

- As máquinas preditivas são tão valiosas porque (1) muitas vezes fazem predições melhores, mais rápidas e baratas; (2) a predição é um ingrediente fundamental na tomada de decisão na incerteza; (3) a tomada de decisão é onipresente em toda a nossa vida econômica e social. No entanto, uma predição não é uma decisão — mas um de seus componentes. Os outros são julgamento, ação, resultado e três tipos de dados (entrada, treinamento e feedback).
- Ao decompor uma decisão, entendemos o impacto das máquinas preditivas no valor dos seres humanos e de outros ativos. O valor

dos substitutos para as máquinas, ou seja, a predição humana, declinará. No entanto, o valor dos complementos, como as habilidades humanas associadas à coleta de dados, julgamento e ações, se tornará mais valioso. No caso dos taxistas londrinos, cada um investiu três anos para aprender "O Conhecimento" — prever o caminho mais rápido de um local para outro em determinada hora do dia —, nenhum piorou em seu trabalho por causa das máquinas preditivas. Em vez disso, muitos outros motoristas se tornaram muito melhores em escolher a melhor rota com máquinas preditivas. As habilidades de predição dos motoristas dos táxis pretos não eram mais uma mercadoria escassa. Os motoristas comuns tinham habilidades de direção e sensores humanos (olhos e ouvidos) efetivamente aprimorados por máquinas preditivas, permitindo que competissem em igualdade.

- O julgamento determina o retorno relativo associado a cada possível resultado, incluindo aqueles associados a decisões "corretas", bem como a erros. O julgamento requer especificar o objetivo que você realmente busca e é um passo necessário na tomada de decisões. Como as máquinas preditivas a tornam cada vez melhor, mais rápida e barata, o valor do julgamento humano aumentará, porque precisaremos de mais. Podemos estar mais dispostos a nos esforçar e aplicar o julgamento às decisões que previamente decidimos não decidir (aceitando o padrão).

8

O Valor do Julgamento

Ter uma melhor predição aumenta o valor do julgamento. Afinal, não ajuda saber a probabilidade de chuva se você não sabe o quanto gosta de ficar seco ou o quanto odeia carregar um guarda-chuva.

Máquinas preditivas não fornecem julgamento. Somente pessoas são capazes disso, porque somente os humanos conseguem expressar as recompensas relativas de tomar atitudes diferentes. À medida que a IA assumir a predição, menos os humanos precisarão executar a rotina combinada tomada de decisão/julgamento e mais se concentrarão no papel de julgamento. Isso permitirá uma interface interativa entre predição de máquina e avaliação humana, da mesma forma que você faz consultas alternativas ao interagir com uma planilha ou banco de dados.

Com uma melhor predição, surgem mais oportunidades para considerar as recompensas de várias ações — em outras palavras, mais oportunidades de julgamento. E isso significa que predições melhores, mais rápidas e baratas nos darão mais decisões para tomar.

Julgando Fraudes

Redes de cartões de crédito, como Mastercard, Visa e American Express, preveem e julgam o tempo todo. Elas precisam prever se os solicitantes atendem aos padrões de merecimento de crédito. Se o indivíduo não os satisfizer, a empresa lhe negará o crédito. Você pode pensar que isso é pura predição, mas envolve o julgamento. Ter uma boa avaliação de crédito é uma escala móvel, e a empresa decide quanto risco assumirá com juros e taxas de inadimplência diferentes. Essas decisões levam a modelos de negócios distintos — a diferença entre o sofisticado cartão platinum da American Express e um básico destinado a estudantes universitários.

A empresa também prevê se determinada transação é legítima. Assim como em sua decisão de carregar ou não um guarda-chuva, ela pesa quatro resultados distintos (veja a Figura 8-1). Ela tem que prever se a acusação é fraudulenta ou legítima, decidir autorizar ou recusá-la e então avaliar cada resultado (negar uma cobrança fraudulenta é bom; irritar um cliente ao negar uma transação legítima, ruim). Se essas empresas fossem perfeitas em prever fraudes, tudo estaria bem. Mas elas não são.

FIGURA 8-1

Quatro resultados para empresas de cartão de crédito

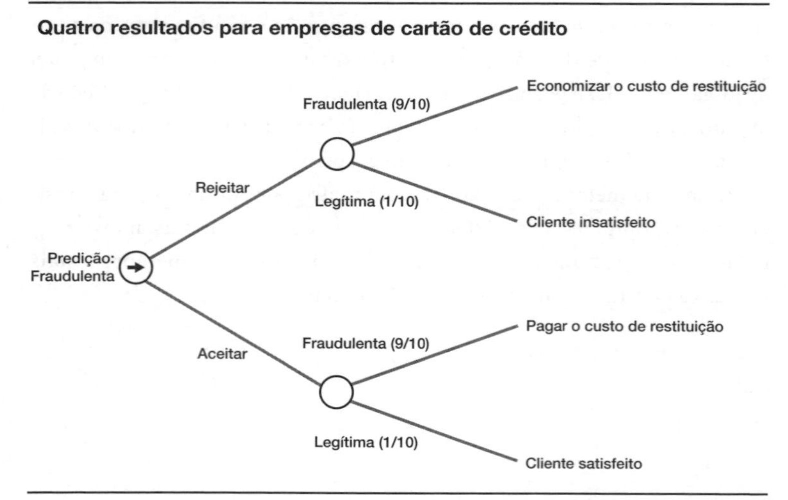

Por exemplo, a empresa do cartão de crédito de Joshua (um dos autores) recusava transações quando ele comprava tênis de corrida, algo que faz uma vez por ano, geralmente em shoppings, quando está de férias. Por muitos anos, ele teve que ligar para a empresa para cancelar a restrição.

Roubos de cartão de crédito geralmente acontecem em shoppings, e as primeiras compras fraudulentas podem ser coisas como sapatos e roupas (fáceis de converter em dinheiro com a devolução do item em outra loja da mesma rede). E como Joshua não tem o hábito de comprar roupas e sapatos, e raramente vai a shoppings, a empresa previa que o cartão provavelmente fora roubado. É um palpite justo.

Alguns fatores que influenciam a predição sobre se um cartão foi roubado são genéricos (o tipo de transação, como a compra de um tênis), enquanto outros são específicos (nesse caso, idade e frequência). Essa combinação significa que o algoritmo que sinaliza as transações é complexo.

A promessa da IA é tornar a predição muito mais precisa, especialmente em situações com informações genéricas e específicas. Por exemplo, se recebesse os dados do histórico de Joshua, uma máquina preditiva aprenderia o padrão dessas transações, incluindo o fato de que ele compra tênis sempre na mesma época todo ano. Em vez de classificar essa compra como um evento incomum, poderia classificá-la como um evento comum para essa pessoa em particular. Uma máquina preditiva é capaz de descobrir outras correlações, como o tempo que alguém leva para fazer compras, se as transações em duas lojas estão muito próximas uma da outra. À medida que a máquina preditiva se torna mais precisa, a rede de cartões fica mais confiante em impor restrições e até mesmo em contatar um cliente. Essa situação já é exatamente o que existe na prática. A última compra de tênis de Joshua foi tranquila.

Mas, até que as máquinas se tornem perfeitas em prever fraudes, as empresas de cartão de crédito terão que descobrir o custo dos erros, o que requer julgamento. Suponha que a predição seja imperfeita e tenha 10% de chances de estar incorreta. Então, se as empresas recusarem a transação, agirão corretamente 90% das vezes e economizarão os custos de restituição do pagamento associado à transação não autorizada. Mas também recusarão uma transação legítima em 10% das vezes, deixando um cliente insatisfeito. Para elaborar o curso correto de ação, elas precisam equilibrar os custos associados à descoberta de fraudes com os resultantes da insatisfação do cliente. Essas empresas não sabem a resposta certa para o dilema. Elas precisam descobri-la. O julgamento é o caminho.

É o guarda-chuva mais uma vez; mas, em vez de sobrecarregado/aliviado e molhado/seco, o dilema envolve fraudes/satisfação do cliente. No caso, como a transação é nove vezes mais propícia a ser fraudulenta do que a ser legítima, a empresa recusará o pagamento, a menos que a satisfação do cliente seja nove vezes mais relevante do que sua possível perda.

Para fraudes com cartão de crédito, muitos desses pagamentos são fáceis de julgar. É bem provável que o custo de recuperação tenha um valor monetário distinto, que uma rede identifique. Suponha que, para uma transação de US$100, o custo de restituição seja de US$20. Se o custo de insatisfação do cliente for menor que US$180, faz sentido recusar a transação (10% de US$180 é US$18, o mesmo que 90% de US$20). Para muitos clientes, ter uma única transação recusada não leva a uma perda por parte da empresa do equivalente a US$180 em razão da insatisfação.

Uma rede de cartões de crédito também deve avaliar se a hipótese é provável para determinado cliente. Por exemplo, um portador de cartão platinum com alto patrimônio líquido pode ter outras opções de crédito e pode parar de usar esse cartão em particular caso tenha uma transação recusada. E essa pessoa pode estar em férias caras, então a rede de cartões pode perder todas as despesas associadas à viagem.

A fraude com cartão de crédito é um processo de decisão bem definido, uma das razões pelas quais insistimos nisso, mas ainda assim é complicado. Em contrapartida, para muitas outras decisões, não apenas as ações potenciais são mais complexas (não envolvem apenas aceitar ou recusar uma transação), mas as situações (ou estados) potenciais também variam. O julgamento requer uma compreensão da recompensa para cada ação e situação. Nosso exemplo teve apenas quatro resultados (ou oito, se você distinguir entre clientes de alta renda e os demais). Mas, caso tivesse, digamos, 10 ações e 20 situações possíveis, você estaria julgando 200 resultados. Conforme as coisas ficam ainda mais complicadas, o número de recompensas se torna absurdo.

Os Custos Cognitivos do Julgamento

As pessoas que estudaram decisões no passado consideravam as recompensas inerentes ao processo — elas simplesmente existem. Você pode gostar de sorvete de chocolate, enquanto seu amigo, de sorvete de manga. Como vocês dois chegaram às suas diferentes visões não tem grande importância. Da mesma forma, supomos que a maioria das empresas maximiza o lucro ou o valor para o acionista. Os economistas que analisaram por que as empresas escolhem determinados preços para seus produtos acharam útil aceitar esses objetivos como motivação.

As recompensas raramente são óbvias, e o processo de entender esses pagamentos pode ser demorado e caro. No entanto, a ascensão de máquinas preditivas aumenta os retornos para entender a lógica e a motivação para valores de recompensa.

Em termos econômicos, o custo de descobrir as recompensas será principalmente o tempo. Considere um caminho específico pelo qual você as possa determinar: deliberação e pensamento. Avaliar o que você realmente quer alcançar ou os custos da insatisfação do cliente leva tempo para pensar, refletir e, talvez, pedir conselhos aos outros. Ou pode ser o tempo gasto pesquisando para entender melhor os resultados.

Para a detecção de fraudes em cartões de crédito, é importante pensar nas recompensas de clientes satisfeitos e insatisfeitos e no custo de se permitir uma transação fraudulenta. Permitir recompensas diferentes para clientes com alto patrimônio líquido exige mais reflexão. Avaliar se elas mudam quando esses clientes estão de férias exige uma consideração ainda maior. E quando os clientes regulares estão de férias? Os resultados são diferentes? E vale a pena distinguir as viagens de trabalho das de férias? Ou as viagens para Roma daquelas ao Grand Canyon?

Em cada caso, julgar as recompensas requer tempo e esforço: mais resultados significam mais julgamentos, que significam mais tempo e esforço. Os seres humanos experimentam os custos cognitivos do julgamento como um processo de tomada de decisão mais lento. Todos temos que decidir o quanto especificar as recompensas em comparação aos custos de atrasar uma decisão. Alguns optam por não investigar recompensas para cenários que pareçam remotos ou improváveis. A rede de cartões de crédito pode achar que vale a pena distinguir as viagens de trabalho das de férias, mas não as férias em Roma das no Grand Canyon.

Nessas situações, a rede de cartões pode adivinhar a decisão certa, agrupar as coisas ou escolher um padrão mais seguro. No entanto, para decisões frequentes (viagens em geral) ou que pareçam cruciais (clientes de alto patrimônio), muitas poderão deliberar e identificar os pagamentos com mais cuidado. Mas, quanto mais demorado o experimento, mais tempo levará para que sua tomada de decisão se torne a melhor possível.

Descobrir as recompensas também se assemelha a experimentar novos alimentos: prove algo e veja o que acontece. Ou melhor, no vernáculo dos negócios modernos: faça um experimento. Os indivíduos podem tomar ações diferentes nas mesmas circunstâncias e aprender qual é de fato a recompensa. Eles aprendem quais são as recompensas, em vez de as cogitar de antemão. Claro, como testar significa fazer o que você mais tarde considerará errado, isso também tem um custo. Você vai experimentar alimentos de que não gostará. Se continuar provando novos alimentos na esperança de encontrar o ideal, perderá muitas refeições saborosas. O julgamento, por deliberação ou experimentação, é caro.

Sabendo por que Você Faz Algo

A predição é a essência da orientação aos carros autônomos e à ascensão de plataformas como Uber e Lyft: a escolha de uma rota entre a origem e o destino. Os dispositivos de navegação para carros existem há algumas décadas, incorporados ou como dispositivos autônomos. Mas a proliferação de dispositivos móveis conectados à internet mudou os dados que os provedores de software de navegação recebem. Por exemplo, antes que o Google a adquirisse, a startup israelense Waze gerou mapas de tráfego precisos rastreando as rotas escolhidas pelos motoristas. Em seguida, usou essa informação para otimizar o caminho mais rápido entre dois pontos, levando em conta as informações obtidas dos motoristas e do monitoramento contínuo do tráfego. A aplicação também preveria a evolução das condições de tráfego caso você fizesse viagens maiores, e ofereceria caminhos novos e mais eficientes se as condições mudassem.

Usuários de aplicações como o Waze nem sempre seguem as instruções. Eles não discordam da predição em si, mas seu objetivo pode incluir mais elementos do que o tempo de viagem. Por exemplo, a aplicação não sabe se alguém está ficando sem combustível e precisa de um posto. Mas os motoristas humanos, sabendo que precisam de gasolina, podem anular a sugestão da aplicação e tomar outro caminho.

Obviamente, aplicações como o Waze podem melhorar. Por exemplo, nos carros Tesla, que são elétricos, a navegação leva em consideração a necessidade de recarga e a localização das estações. Uma aplicação pode simplesmente perguntar se você precisará de combustível ou, no futuro, obter esses dados diretamente de seu carro. Isso parece um problema solucionável, tão simples quanto ajustar as configurações das aplicações de navegação para evitar estradas com pedágio.

Outros aspectos de suas preferências são mais difíceis de programar. Por exemplo, em uma jornada longa, você precisa se certificar de que passará por áreas boas para parar e comer. Ou o percurso mais rápido pode sobrecarregar o motorista sugerindo estradas secundárias que economizam apenas um minuto ou dois, mas exigem muito esforço. Ou você pode não gostar de dirigir em estradas sinuosas. Novamente, as aplicações aprendem esses comportamentos, mas, em um dado momento, alguns fatores são necessariamente desconsiderados na predição codificada para automatizar uma ação. Uma máquina tem limitações básicas sobre o quanto pode aprender para prever suas preferências.

O ponto mais amplo das decisões é que os objetivos raramente têm apenas uma dimensão. Os humanos têm, explícita e implicitamente, o próprio conhecimento de por que estão fazendo algo, o que lhes confere pesos que são tanto idiossincráticos quanto subjetivos.

Enquanto uma máquina prevê o que é provável que aconteça, os seres humanos ainda decidirão qual ação tomar com base em sua compreensão do objetivo. Em muitas situações, como no Waze, a máquina dará ao humano uma predição que implica certo resultado para uma dimensão (como velocidade); o humano então decidirá se deve anular a ação sugerida. Dependendo da sofisticação da máquina preditiva, o humano pode pedir outra predição baseada em uma nova restrição ("Waze, me leve até um posto de gasolina").

Codificando o Julgamento

A startup Ada Support está usando a predição de IA para absorver a parte fácil das questões complexas de suporte técnico. A IA responde às perguntas fáceis e envia as difíceis para um humano. Quando os consumidores solicitam suporte a um atendente de telefonia móvel, a maioria das perguntas que fazem já foi feita. Digitar a resposta é fácil. Os desafios estão em prever o que o consumidor quer e julgar qual resposta fornecer.

Em vez de direcionar as pessoas para uma área de "perguntas frequentes" em uma página, a aplicação da Ada identifica e responde imediatamente. Ela combina as características individuais de um consumidor (conhecimento prévio de competência técnica, tipo de telefone do qual está ligando e chamadas anteriores) para melhorar sua avaliação da questão. No processo, diminui a insatisfação, mas, o mais importante, é capaz de lidar com mais interações rapidamente, sem a necessidade de gastos com operadores de call center. Os humanos se especializam nas questões incomuns e difíceis, e a máquina lida com as mais fáceis.

À medida que a predição de máquina melhorar, valerá a pena cada vez mais pré-especificar o julgamento em muitas situações. Assim como explicamos nosso pensamento a outras pessoas, podemos explicá-lo às máquinas — na forma de código de software. Quando antecipamos uma predição precisa, podemos codificar o julgamento antes que a máquina faça a predição. O Ada faz isso para as perguntas fáceis. Caso contrário, seria muito demorado, com muitas situações possíveis para que se possa especificar o que fazer em cada uma com antecedência. Então, para as questões difíceis, Ada requisita o julgamento de um humano.

As experiências às vezes tornam o julgamento codificável. Muitas são intangíveis e, portanto, não podem ser escritas ou expressas facilmente. Como Andrew McAfee e Erik Brynjolfsson escreveram: "A (substituição de pessoas por computadores) é limitada porque há muitas tarefas que as pessoas entendem tacitamente e realizam sem esforço, mas para as quais nem programadores são capazes de enunciar 'regras' ou procedimentos explícitos."[1] Isso, no entanto, não se aplica a todas as tarefas. Para algumas decisões, você pode articular o julgamento necessário e expressá-lo na forma de código. Afinal, estamos habituados a explicar nosso pensamento para outras pessoas. De fato, o julgamento codificável permite que preencha a parte depois de "então" em declarações "se-então". Quando isso acontece, o julgamento pode ser consagrado e programado.

O desafio é que, mesmo quando é possível programar o julgamento em substituição a um humano, a predição que a máquina recebe deve ser bastante precisa. Quando há muitas situações possíveis, é demorado especificar o que fazer em cada situação com antecedência. Você programa facilmente uma máquina quando o que provavelmente será verdadeiro estiver claro; no entanto, quando ainda há incerteza, dizer à máquina o que fazer requer uma ponderação mais cuidadosa dos custos dos erros. Incerteza significa que você precisa de julgamento quando a predição está errada, não apenas quando está certa. Em outras palavras, a incerteza aumenta o custo de julgar os resultados de determinada decisão.

Redes de cartões de crédito adotaram novas técnicas de aprendizado de máquina para detecção de fraudes. As máquinas preditivas oferecem mais confiança para codificar a decisão de bloquear ou não uma transação de cartão. À medida que as predições sobre fraude se tornam mais precisas, a probabilidade de rotular incorretamente transações legítimas como fraudulentas é reduzida. Se as empresas de cartão de crédito não têm medo de cometer um erro na predição, podem codificar a decisão da máquina, sem a necessidade de avaliar o custo de ofender determinados clientes ao recusar a transação. Tomar a decisão é mais fácil: se for fraude, recuse; caso contrário, aceite a transação.

Engenharia de Função de Recompensa

Como as máquinas fornecem predições melhores e mais baratas, precisamos descobrir como usar melhor essas predições. Independentemente de podermos ou não especificar o julgamento antecipadamente, alguém precisa determiná-lo. É aqui que entra em ação a engenharia de função de recompensa, o trabalho de determinar as recompensas de várias ações, consideradas as predições da IA. Fazer bem esse trabalho requer entender as necessidades da empresa e a capacidade da máquina.

Às vezes, a engenharia de função de recompensas envolve a codificação — programá-las antes das predições para automatizar as ações. Veículos autônomos são um exemplo disso. Uma vez que a predição é feita, a ação é instantânea. Mas obter a recompensa correta não é trivial. A engenharia da função de recompensa deve considerar a possibilidade de que a IA otimize em excesso uma métrica de sucesso e, ao fazê-lo, aja de maneira inconsistente com os objetivos mais amplos da empresa. Comissões inteiras trabalham nessa questão nos carros autônomos; no entanto, essa análise será necessária para uma variedade de novas decisões.

Em outros casos, o número de predições torna muito dispendioso para qualquer um julgar todas as recompensas possíveis. Em vez disso, um humano precisa esperar que a predição chegue e, então, avaliar a recompensa, o que se assemelha à forma como a maioria das decisões atualmente funciona, independentemente de serem predições geradas por máquina. Como vemos no Capítulo 9, as máquinas também invadiram essa área. Uma máquina pode, em algumas circunstâncias, aprender a predizer o julgamento humano observando decisões passadas.

Juntando Tudo

A maioria de nós já faz um pouco de engenharia de função de recompensa, mas para humanos, não para máquinas. Os pais ensinam a seus filhos valores a serem cultivados. Os mentores ensinam aos novatos como o sistema opera. Os gerentes fornecem objetivos aos seus funcionários e os adaptam para terem um melhor desempenho. Todos os dias, tomamos decisões e julgamos as recompensas. Mas quando fazemos isso para os humanos, agrupamos a predição e o julgamento, e o papel da engenharia da função de recompensa não é diferenciado. À medida que as máquinas melhorarem a predição, o papel da engenharia da função de recompensa se tornará cada vez mais importante.

Para ilustrar a engenharia de função de recompensa, considere as decisões de precificação no ZipRecruiter, um banco de empregos online. As empresas pagam ao ZipRecruiter para encontrar candidatos para as vagas que desejam preencher. O principal produto do ZipRecruiter é um algoritmo de correspondência que faz isso de maneira eficiente e em grande escala, uma versão do tradicional recrutador de talentos.[2]

O ZipRecruiter não deixava claro quanto deveria cobrar das empresas por seu serviço. Cobre pouco e deixe dinheiro na mesa. Cobre demais, e os clientes o trocam pelo concorrente. Para descobrir seu preço, o ZipRecruiter contratou dois economistas da Booth School of Business, da Universidade de Chicago, J.P. Dubé e Sanjog Misra, que projetaram experimentos para determinar os melhores preços. Eles atribuíram de forma aleatória preços distintos para diferentes potenciais clientes e determinaram a probabilidade de compra de cada grupo. Isso lhes permitiu descobrir como diferentes clientes respondiam a preços distintos.

O desafio era descobrir o que "melhor" significava. A empresa deve maximizar a receita em curto prazo? Para fazer isso, pode escolher um preço alto. Mas um preço alto significa menos clientes (embora cada cliente seja mais lucrativo). Isso também significaria menos boca a boca. Além disso, se houver menos postagens de emprego, o número de candidatos que usam o ZipRecruiter pode cair. Finalmente, os clientes que se deparam com preços altos podem procurar alternativas. Embora possam pagar o alto preço no curto prazo, podem mudar para um concorrente em longo prazo. Como o ZipRecruiter deve ponderar essas várias considerações? Que recompensa deve maximizar?

Foi relativamente fácil medir as consequências em curto prazo de um aumento de preços. Os especialistas descobriram que o aumento para alguns novos clientes ampliaria os lucros diários em mais de 50%. Porém, o ZipRecruiter não agiu imediatamente. Reconheceu o risco de longo prazo e esperou para ver se os clientes que pagavam mais iriam embora. Após quatro meses, descobriu-se que esse aumento ainda era lucrativo. A empresa não quis mais abdicar de lucros maiores e julgou que quatro meses eram suficientes para embasar a mudança de preços.

Descobrir as recompensas — a peça principal do julgamento — é a engenharia da função de recompensa, uma parte crucial do que os humanos fazem no processo de tomada de decisão. Máquinas preditivas são uma ferramenta para humanos. Enquanto eles forem necessários para ponderar resultados e aplicar julgamento, terão um papel fundamental a desempenhar conforme as máquinas preditivas são aprimoradas.

PONTOS PRINCIPAIS

- As máquinas preditivas aumentam os retornos do julgamento porque, diminuindo o custo da predição, aumentam o valor da compreensão das recompensas. No entanto, o julgamento é caro. Descobrir as recompensas relativas para ações diferentes em situações distintas requer tempo, esforço e experimentação.
- Muitas decisões ocorrem sob condições de incerteza. Decidimos levar um guarda-chuva porque achamos que vai chover, mas podemos errar. Decidimos autorizar uma transação porque parece legítima, mas podemos errar. Sob condições de incerteza, precisamos determinar a recompensa com base em decisões erradas, e não apenas nas certas. Assim, a incerteza aumenta o custo de julgar os resultados de determinada decisão.
- Se houver um número gerenciável de combinações de ação-situação associadas a uma decisão, podemos transferir o julgamento de nós mesmos para a máquina preditiva (isso é "engenharia de função de recompensa") para que a máquina tome sozinha a decisão depois que gerar a predição. Isso permite automatizar a decisão. Muitas vezes, no entanto, existem muitas combinações ação-situação, de modo que é muito caro codificar antecipadamente todas as recompensas associadas a cada combinação, especialmente as muito raras. Nesses casos, é mais eficiente que o julgamento fique a cargo de um humano depois que a máquina fizer sua predição.

9

Prevendo o Julgamento

Empresas como a Waymo, subsidiária do Google, testaram com sucesso formas automatizadas de transportar pessoas. Mas isso é apenas parte da criação de veículos autônomos. A condução de um veículo também tem um impacto sobre os passageiros no carro, o que é muito mais difícil de observar. Motoristas humanos, no entanto, levam eles em conta. Uma das primeiras coisas que um motorista novato aprende é a frear de maneira confortável para os outros no carro. Os carros de Waymo têm que ser ensinados a evitar paradas bruscas e a frear suavemente.

Há milhares de decisões envolvidas na condução de um veículo.[1] É impraticável para os humanos codificar seu julgamento sobre todas as situações possíveis. Em vez disso, treinamos sistemas autônomos, mostrando-lhes muitos exemplos para que aprendam a prever o julgamento humano: "O que um humano faria nesta situação?" E a direção não está sozinha. Em qualquer ambiente em que os humanos tomam decisões repetidas vezes e extraem informações sobre os dados que recebem e as decisões decorrentes, somos capazes de automatizar essas decisões recompensando a máquina por prever: *o que um humano faria?*

Uma questão fundamental, pelo menos para os humanos, é se a IA pode transformar seus poderes preditivos no julgamento humano e, no processo, contornar a necessidade dos seres humanos.

Hackeando os Humanos

Muitas decisões são complexas e baseadas em julgamentos que não são facilmente codificados. No entanto, isso não garante que os humanos continuem sendo uma parte essencial dessas decisões. Em vez disso, como nos carros autônomos, a máquina pode aprender a prever o julgamento humano observando muitos exemplos. O problema da predição se torna: "Considerados os dados de entrada, o que um humano faria?"

A Grammarly oferece um exemplo. Fundada em 2009 por Alex Shevchenko e Max Lytvyn, foi pioneira no uso de aprendizado de máquina para melhorar a composição de materiais escritos formais. Seu principal foco é melhorar a gramárica e a ortografia em orações. Por exemplo, coloque a frase anterior na Grammarly, e ela lhe dirá que "principal foco" deve ser "foco principal" e que "gramárica" está errado (deve ser "gramática"). Ela também lhe dirá que a palavra "principal" é usada em demasia.

A Grammarly faz essas correções porque examinou um corpus de documentos corrigidos por revisores experientes e aprendeu com o feedback de usuários que aceitaram ou rejeitaram as sugestões. Em ambos os casos, previu o que um revisor humano faria. Ela vai além da aplicação mecânica de regras gramaticais, e também avalia se os desvios da gramática perfeita são preferidos pelos leitores humanos.

A ideia de que humanos são capazes de treinar a IA se estende a uma grande variedade de situações. A IA da Lola, uma startup que automatiza o processo de reserva de viagens, começou encontrando boas opções de hotéis. Mas como relata o *New York Times*:

> Não conseguiu igualar a experiência de, por exemplo, um agente humano versado em reservar férias familiares para a Disney. O ser humano pode ser mais sagaz — sabendo, por exemplo, que deve aconselhar uma família que espera fazer uma boa foto com as crianças em frente ao Castelo da Cinderela a reservar um café da manhã dentro do parque, antes que os portões se abram.[2]

Esse exemplo mostra que uma máquina acha fácil aplicar julgamento quando é descritível (por exemplo, disponibilidade e preço), mas não entende preferências humanas mais sutis. No entanto, a Lola pode aprender a prever o que os humanos com alto nível de experiência e conhecimento fariam. A pergunta para a Lola é: quantas pessoas reservando férias a máquina preditiva precisa observar para obter feedback suficiente e aprender outros critérios relevantes? Como a Lola descobriu, apesar de sua IA ter sido desafiada por alguns critérios, foi capaz de perceber decisões tomadas por agentes humanos que eles mesmos não conseguiam descrever com antecedência, como as preferências por hotéis modernos ou tradicionais.

Treinadores humanos ajudam as IAs a se tornarem boas o suficiente para que os humanos se tornem desnecessários em muitos aspectos de uma tarefa. Isso é particularmente importante quando a IA está automatizando um processo com pouquíssima tolerância a erros. Um humano pode supervisionar a IA e corrigi-los. Com o tempo, a IA aprende com seus erros até que a correção humana seja desnecessária.

A X.ai, uma startup focada em fornecer um assistente que organiza reuniões e as coloca em seu calendário, é outro exemplo.[3] Ela interage com o usuário e as pessoas com as quais ele deseja se encontrar através de um e-mail para um assistente pessoal digital ("Amy" ou "Andrew", dependendo de sua preferência). Por exemplo, você poderia enviar um e-mail para Andrew para marcar uma reunião com você e o Sr. H na próxima quinta-feira. O X.ai acessa seu calendário e envia e-mails para o Sr. H para agendar a reunião. O Sr. H pode muito bem sequer saber que Andrew não é humano. O ponto é que você está livre da tarefa de se comunicar com o Sr. H ou com o assistente dele (que idealmente seria outra Amy ou Andrew).

Obviamente, tudo pode acabar em desastre se ocorrerem erros de programação ou se o assistente automatizado ofender um possível convidado. Durante alguns anos, a X.ai empregou treinadores humanos. Eles revisavam as respostas da IA quanto à precisão e as validavam. Toda vez que um treinador fazia uma mudança, a IA aprendia uma resposta melhor.[4] O papel dos treinadores humanos era mais do que garantir polidez. Eles também lidavam com o mau comportamento de humanos tentando "trapacear" o assistente.[5] No momento em que este livro foi escrito, a questão do quanto de automação é possível alcançar com essa abordagem de predição de julgamento ainda estava em aberto.

Os Humanos Serão Banidos?

Se as máquinas conseguirem aprender a prever o comportamento humano, assumirão completamente seu lugar? Considerada a atual trajetória das máquinas preditivas, achamos que não. Os humanos são um recurso, e a economia básica sugere que eles ainda farão alguma coisa. A questão é mais se "alguma coisa" terá alto ou baixo valor, e se será atraente ou desagradável para os humanos. O que as pessoas de sua organização devem fazer? O que você deve procurar em novas contratações?

A predição depende de dados. Isso significa que os humanos têm duas vantagens. Sabemos coisas que as máquinas (ainda) não sabem e, o principal, somos melhores em decidir quando não há muitos dados.

Os humanos têm três tipos de dados que as máquinas não possuem. Primeiro, seus sentidos são poderosos. De muitas maneiras, olhos, ouvidos, nariz e pele ainda superam as capacidades da máquina. Segundo, os humanos são os árbitros das próprias preferências. Os dados dos clientes são valiosos porque informam às máquinas quais são essas preferências. Mercados oferecem descontos aos clientes que usam cartões de fidelidade a fim de obter dados sobre seu comportamento. As lojas pagam aos clientes para revelar suas preferências. Google, Facebook e outros fornecem serviços gratuitos em troca de dados que podem usar em outros contextos para direcionar publicidade. Em terceiro lugar, as preocupações com a privacidade restringem os dados disponíveis para as máquinas. Enquanto muitas pessoas reservarem informações sobre atividade sexual, situação financeira, saúde mental e pensamentos repugnantes para si mesmas, as máquinas não terão dados suficientes para prever muitos tipos de comportamento. Na ausência de bons dados, nossa compreensão de outros seres humanos será a base para julgamentos que as máquinas não podem aprender a prever.

Predição com Little Data

A ausência de dados também decorre da raridade de alguns eventos. Se uma máquina não for capaz de observar decisões humanas suficientes, não conseguirá prever o julgamento por trás delas.

No Capítulo 6, discutimos "conhecidos desconhecidos", eventos raros, difíceis de prever devido à falta de dados, como eleições e terremotos. Em alguns casos, os humanos são bons em fazer predições com poucos dados; reconhecemos rostos, por exemplo, mesmo quando as pessoas envelhecem. Também discutimos como "desconhecidos desconhecidos" são, por definição, difíceis de prever ou responder. A IA não consegue prever o que um humano faria se ele nunca enfrentou situação semelhante. Dessa forma, ela não é capaz de prever a direção estratégica de uma empresa que enfrenta uma nova tecnologia, como a internet, a bioengenharia ou mesmo a própria IA. Os humanos são capazes de fazer analogias e reconhecer semelhanças úteis em diferentes contextos.

No devido tempo, as máquinas aprimorarão a capacidade de fazer analogias. Ainda assim, nosso ponto de que elas serão ruins em prever eventos raros ainda será válido. No futuro próximo, os humanos terão seu papel em prever e julgar situações incomuns.

Ainda no Capítulo 6, destacamos "desconhecidos conhecidos". Por exemplo, questionamos recomendar ou não este livro a um amigo, mesmo que você se torne um sucesso fabuloso no combate ao envelhecimento por meio da IA. O desafio é que você não tem os dados do que teria acontecido se não tivesse lido o livro. Se quiser entender o que causa o que, você precisa inferir o que teria acontecido na situação contrafactual.

Os humanos têm duas soluções principais para esse problema: experiências e modelagem. Se a situação surge com frequência, você pode executar um teste de controle randomizado. Atribuir algumas pessoas ao grupo de tratamento (forçá-las a ler o livro, ou pelo menos dar-lhes o livro e talvez realizar algum teste sobre ele) e outras ao de controle (forçá-las a não ler o livro, ou pelo menos não lhes informar). Espere e colete algumas medidas de como aplicam a IA em seu trabalho. Compare os dois grupos. A diferença entre eles é o efeito do livro.

Esses experimentos são muito poderosos. Sem eles, novos tratamentos médicos não são aprovados. Eles alimentam muitas das decisões em empresas baseadas em dados, do Google à Capital One. As máquinas também podem realizar experimentos. Desde que a situação surja com frequência, a capacidade de experimentar não é exclusiva dos humanos. A máquina também pode fazê-lo e aprender a prever o que causa o quê.

Esse tem sido um aspecto fundamental de como as máquinas agora são capazes de superar os humanos em uma variedade de videogames.

A modelagem, uma alternativa aos experimentos, envolve uma profunda compreensão da situação e do processo que gerou os dados observados. É particularmente útil quando os experimentos são impossíveis, porque a situação não surge com frequência ou seu custo é muito alto.

A decisão do quadro de empregos online da ZipRecruiter para encontrar o melhor preço, que descrevemos no capítulo anterior, envolveu duas partes. Primeiro, precisava descobrir o que "melhor" significava: receita de curto prazo ou algo mais em longo prazo? Mais candidatos a emprego e mais anunciantes, ou preços mais altos? Em segundo lugar, precisava escolher um preço específico. Para resolver o segundo problema, fez experimentos. Especialistas humanos os projetaram, mas, em princípio, à medida que a IA melhora, com anunciantes e tempo suficientes, esses experimentos podem ser automatizados.

O entendimento do que é "melhor", no entanto, é mais difícil de automatizar. Como o número de candidatos depende do número de anúncios e vice-versa, o mercado global adota um único princípio. Se ele não for compreendido, a ZipRecruiter pode sair do mercado e não ter uma segunda chance. Assim, ela modelou seus negócios. Explorou as consequências de maximizar seu lucro de curto prazo e comparou essa tática a modelos alternativos, em que seu objetivo era maximizar o lucro por um longo período. Sem dados, modelar resultados e criar funções de recompensa ainda são responsabilidades humanas, embora altamente qualificadas.

A modelagem também ajudou os bombardeios aliados durante a Segunda Guerra Mundial. Os engenheiros reconheceram que os poderiam blindar melhor. Em particular, poderiam torná-los mais pesados sem comprometer o desempenho. A questão era onde os proteger. A experimentação era possível, mas cara. Os pilotos perderiam suas vidas.

Com base em todos os bombardeiros que retornaram da Alemanha, os engenheiros viram onde o fogo antiaéreo os atingia. Os buracos de bala nos aviões eram seus dados. Mas esses eram os lugares óbvios para proteger melhor o avião?

Eles pediram ao estatístico Abraham Wald para avaliar o problema. Depois de pensar um pouco e fazer cálculos bastante profundos, ele disse para proteger os lugares *sem* buracos de bala. Será que ele estava confuso? Isso parecia contraintuitivo. Não seria melhor proteger as áreas do avião que tinham buracos de bala? Não. Ele tinha um modelo do processo que gerava os dados. Pelos bombardeiros que não voltaram dos ataques, conjeturou que foram atingidos em pontos críticos. Em contraste, os bombardeiros que retornaram foram atingidos em lugares banais. Com esse insight, os engenheiros da força aérea aumentaram a blindagem nos locais sem buracos de bala, e os aviões ficaram mais protegidos.[6]

O insight de Wald sobre os dados faltantes exigia uma compreensão de onde vieram; considerando que o problema era novo, os engenheiros não tinham exemplos anteriores para obter dados. No futuro próximo, esses cálculos ainda estarão além da capacidade das máquinas.

Esse problema foi difícil de resolver. A solução veio de um humano, não de uma máquina. No entanto, o humano em questão foi um dos melhores estatísticos da história. Tinha uma profunda compreensão de estatística e uma mente flexível para entender o processo gerador de dados.

Os humanos aprendem essas habilidades de modelagem com treinamento. É um aspecto central da maioria dos programas de doutorado em economia e dos MBA em muitas escolas (incluindo os cursos que desenvolvemos na Universidade de Toronto). Tais habilidades são cruciais ao se trabalhar com máquinas preditivas. Do contrário, é fácil cair na armadilha de desconhecidos conhecidos. Você pode até pensar que suas predições lhe dizem o que fazer, mas elas o desviam do caminho ao misturar causa e efeito.

Assim como Wald tinha um bom modelo para gerar dados sobre buracos de bala, um bom modelo do comportamento humano ajuda a fazer melhores predições quando as decisões humanas geram os dados. No futuro próximo, os humanos precisam auxiliar a desenvolver esses modelos e identificar os preditores relevantes do comportamento. Uma máquina preditiva se esforçará para fazer induções quando não tiver dados porque o comportamento é mutável. Ela precisa entender os humanos.[7]

Questões semelhantes surgem em muitas decisões que envolvem a pergunta: "O que acontecerá se eu fizer isso?", quando você nunca fez isso antes. Você deve adicionar um novo produto a uma linha de produtos? Deve se unir a um concorrente? Deve adquirir uma startup inovadora ou um parceiro de canal?[8] Se as pessoas se comportarem de maneira diferente após a mudança, o comportamento passado não é um guia útil para o comportamento futuro. A máquina preditiva não terá dados relevantes. Para eventos raros, seu uso é limitado. Eventos raros, portanto, fornecem um limite importante para a capacidade das máquinas de prever o julgamento humano.

PONTOS PRINCIPAIS

- As máquinas podem aprender a prever o julgamento humano. Um exemplo é a direção de veículos. É impraticável para os humanos codificar seu julgamento de todas as situações possíveis. No entanto, treinamos sistemas de direção autônomos, mostrando-lhes muitos exemplos e recompensando-os por prever o julgamento humano: *o que um humano faria nessa situação?*
- Existem limites para a capacidade das máquinas de prever o julgamento humano. Eles estão relacionados à falta de dados. Há dados que os humanos têm, e as máquinas, não, como preferências individuais. Esses dados têm valor, e as empresas atualmente pagam para acessá-los por meio de descontos no uso de cartões de fidelidade e serviços online gratuitos, como o Google e o Facebook.
- Máquinas são ruins na predição de eventos raros. Os gerentes tomam decisões sobre fusões, inovações e parcerias sem dados sobre eventos passados semelhantes para suas empresas. Os humanos usam analogias e modelos para tomar decisões em situações bastante incomuns. As máquinas não são capazes de prever o julgamento quando uma situação ainda não ocorreu muitas vezes.

10

Domando a Complexidade

A série de TV dos EUA, *The Americans*, um drama da Guerra Fria ambientado em Washington, D.C., nos anos 1980, apresenta um robô que entrega correspondências e documentos confidenciais no escritório do FBI. A existência de um veículo autônomo na década de 1980 parece surpreendente. Comercializado como Mailmobile, surgira uma década antes.[1]

Para guiar o Mailmobile, um técnico criou um rastro químico que emitia luz ultravioleta por todo o trajeto. O robô usava um sensor para seguir lentamente (a menos de 1,5km/h) o rastro até que as marcações químicas indicassem que ele parasse. O Mailmobile custava entre US$10 mil e US$12 mil (cerca de US$50 mil hoje), e por uma taxa extra a empresa poderia anexar um sensor para detectar obstáculos em seu caminho. Do contrário, o robô simplesmente apitava para avisar às pessoas que estava chegando. Em um escritório em que uma pessoa levaria duas horas para entregar a correspondência, o Mailmobile completava o trabalho em 20 minutos, sem parar para conversas e brincadeiras de escritório.

O robô-carteiro exigia um planejamento cuidadoso. E até algumas realocações simples, porém custosas, eram necessárias para acomodar suas operações. Ele só aceitava pequenas variações em seu ambiente.

Até hoje, muitos sistemas ferroviários automatizados em todo o mundo têm requisitos de instalação extensos. Por exemplo, o metrô de Copenhague não usa condutores, os trens operam em um ambiente planejado; um número limitado de sensores informa o robô sobre seu ambiente.

Essas limitações são uma característica comum da maioria dos equipamentos e máquinas. Eles são projetados para operar em ambientes rígidos. Comparado à maioria dos equipamentos de linha de produção, o robô-carteiro se destaca porque os escritórios o instalam com relativa facilidade. Mas, em geral, os robôs precisam de um ambiente rigidamente controlado e padronizado para operar, porque não toleram a incerteza.

Mais "Se"

Todas as máquinas — softwares ou hardwares — são programadas com a clássica lógica se-então. A parte "se" especifica um cenário, condição ou informação. A parte "então" diz à máquina o que fazer para cada um dos "se" (e "se não"): "Se a trilha química acabar, pare". O robô-carteiro não é capaz de ver o que o rodeia e só opera em ambientes que reduzem artificialmente os "se" com os quais deve lidar.

Se ele conseguisse distinguir entre mais situações — mais "se" —, ainda que isso não mudasse suas ações, basicamente parar ou seguir, poderia ser usado em muitos outros lugares. O moderno Roomba — o robô de limpeza a vácuo automatizado da iRobot — consegue vagar livremente pelas salas usando sensores para evitar que caia das escadas ou fique preso nos cantos, bem como uma memória para garantir que cubra todo o andar.

Se um robô opera em áreas externas, precisa se mover devagar para evitar escorregar quando o solo estiver úmido. Dois estados possíveis surgem — seco e molhado. Se seu movimento também é influenciado pelo fato de o ambiente estar claro ou escuro; se um ser humano se move a seu redor; se há itens urgentes no lote de correspondências; se é permitido atropelar esquilos, mas não gatos, e uma variedade de outros fatores, e se as regras se alteram por interações entre as situações (não há problema em atropelar esquilos se estiver escuro, mas há se estiver claro), o número de situações — de "se" — aumenta drasticamente.

Uma melhor predição identifica mais "se". Com mais "se", um robô-carteiro reage a mais situações. Uma máquina preditiva permite que o robô identifique que ambientes úmidos e escuros, com um ser humano correndo a 6m atrás dele e um gato à sua frente, requerem que diminua a velocidade, mas que ambientes escuros e úmidos com uma pessoa parada a 6m e um esquilo à frente, não. A máquina preditiva permite que o robô se mova sem uma trilha pré-planejada. Nosso novo Mailmobile pode operar em mais ambientes sem muito custo adicional.

Robôs de entrega estão por toda parte. Os armazéns possuem sistemas autônomos que preveem seu ambiente e se adaptam. Frotas de robôs Kiva transportam produtos pelos vastos centros de atendimento da Amazon. As startups têm testado robôs de entrega que levam pacotes pelas ruas, de uma empresa até uma residência, e depois retornam.

Os robôs são agora capazes disso porque usam dados de sensores sofisticados para prever seu ambiente e recebem instruções para lidar com ele. Não costumamos conceituar isso como predição, mas fundamentalmente é. E, à medida que ela fica mais barata, os robôs se aprimoram.

Mais "Então"

George Stigler, economista ganhador do Prêmio Nobel, afirmou: "Pessoas que nunca perderam um voo já passaram muito tempo em aeroportos."[2] Apesar da peculiar lógica em operação aqui, o contra-argumento é bastante poderoso: você pode trabalhar ou relaxar tão facilmente no aeroporto quanto em qualquer outro lugar, e chegar cedo para evitar aborrecimentos lhe pode proporcionar uma boa dose de paz. Assim, nasceram as salas de espera. As companhias aéreas as projetaram para oferecer aos passageiros (pelo menos aos mais ricos e aos que voam com frequência) um espaço conveniente e silencioso para aguardar seus voos. As salas de espera existem porque é provável que os passageiros cheguem cedo para seu voo. Atrasados incuráveis só as usariam em escalas, quando um voo se atrasasse ou para chorar depois de perder o voo para Bali. As salas de espera são um espaço de manobra, uma alternativa para quando os horários de chegada não são precisos (o que provavelmente é frequente).

Suponha que tenha um voo às 10h. As orientações da companhia aérea dizem que você deve chegar com 60 minutos de antecedência. Você pode chegar às 9h e pegar seu voo. Mas, considerados esses dados, a que horas você deveria ir para o aeroporto?

Você normalmente consegue chegar ao aeroporto em 30 minutos, o que lhe permite sair de casa às 8h30, mas isso não leva em conta o tráfego. Quando voamos para Toronto depois de uma reunião sobre este livro, em Nova York, nós três enfrentamos um trânsito tão ruim até o Aeroporto LaGuardia que acabamos tendo que caminhar o último quilômetro para chegar a tempo. Isso poderia facilmente adicionar outros 30 minutos (mais, se você for avesso ao risco). Com isso, você deveria sair às 8h, que é o horário que sai toda vez que não sabe como está o trânsito. Como resultado, você acaba passando 30 minutos ou mais na sala de espera.

Aplicações como o Waze mostram tempos de viagem muito precisos. Elas monitoram padrões de tráfego em tempo real e históricos para prever e atualizar as rotas mais rápidas. Associe o Waze ao Google Now e você calculará quaisquer atrasos que possam surgir em seus voos com outras aplicações que monitorem atrasos históricos ou a localização de um avião. Juntas, essas aplicações lhe possibilitam confiar na predição, o que abre novas opções, como "a menos que haja um problema no trânsito, saia mais tarde e vá diretamente para o portão" ou "se houver atraso no voo, saia mais tarde".

Predições melhores, reduzindo ou eliminando uma fonte importante de incerteza, suprimem a necessidade de ter um lugar para esperar no aeroporto. Mais criticamente, uma melhor predição possibilita novas ações. Em vez de ter uma regra rígida para sair duas horas antes do voo, você pode ter uma regra contingente que recebe informações e depois lhe informa o momento em que deve sair. Essas regras contingentes são declarações se-então e permitem mais "então" (sair cedo, no horário ou mais tarde), baseadas em predições mais confiáveis. Assim, além de produzir mais "se", a predição expande as oportunidades aumentando o número dos "então" viáveis.

Os robôs-carteiros e as salas de espera de aeroportos têm algo em comum: ambos são soluções imperfeitas para a incerteza, e ambos serão afetados por predições melhores.

Mais "Se" e "Então"

Uma predição melhor antecipa mais coisas com mais frequência, reduzindo a incerteza. Cada nova predição também tem um efeito indireto: torna viáveis as escolhas que você não teria considerado. E você não precisa codificar claramente todos os "se" e "então"; pode treinar a máquina preditiva com exemplos. *Voilà*! Problemas que não eram anteriormente entendidos no âmbito da predição agora podem ser resolvidos por meio dela. Estávamos fazendo concessões sem nos dar conta.

Essas concessões são um aspecto fundamental de como os humanos tomam decisões. O ganhador do Prêmio Nobel de Economia, Herbert Simon, chamou isso de "soluções satisfatórias". Enquanto a economia clássica projeta seres superinteligentes tomando decisões perfeitamente racionais, Simon reconhece e enfatiza em seu trabalho que os humanos não conseguem lidar com a complexidade. Em vez disso, aceitam a opção como satisfatória, fazendo o melhor que podem para alcançar seus objetivos. Pensar é difícil, então as pessoas pegam atalhos.

Simon era polímata. Além do Nobel, ganhou o Turing Award, também conhecido como Nobel da computação, por "contribuições para a inteligência artificial". Suas contribuições em economia e computação estavam relacionadas. Ecoando seus pensamentos sobre as pessoas, sua palestra no Turing Award de 1976 ressaltou que os computadores "têm recursos de processamento limitados; em um número finito de etapas ao longo de um intervalo de tempo finito, podem executar apenas um número finito de processos". Ele reconheceu que os computadores — como os humanos — aceitam uma opção como satisfatória.[3]

Os robôs-carteiros e a sala de espera do aeroporto são exemplos de aceitar uma solução satisfatória na ausência de uma boa predição. Esses exemplos estão em toda parte. Será preciso tempo e prática para imaginar as inúmeras possibilidades trazidas pela melhor predição. Não é intuitivo para a maioria das pessoas pensar em salas de aeroportos como uma solução para predições ruins e que elas serão menos valiosas em uma era com máquinas preditivas poderosas. Estamos tão acostumados a aceitar uma opção como satisfatória que nem sequer pensamos que algumas decisões envolvem a predição.

No exemplo da tradução automática, citada no início do livro, especialistas não a viam como um problema de predição, mas como um problema linguístico. A abordagem linguística tradicional usava um dicionário para traduzir palavra por palavra, aliado a algumas regras gramaticais. Isso é aceitar a solução satisfatória, e levou a resultados ruins por causa de muitos "se". A tradução tornou-se um problema de predição quando os pesquisadores reconheceram que poderia ser feita sentença por sentença, ou mesmo parágrafo por parágrafo.

A tradução com máquinas envolve a predição da provável sentença equivalente no outro idioma. A estatística permite que o computador escolha a melhor tradução, prevendo os "se" — a frase que um tradutor profissional provavelmente usaria com base na correspondência da tradução nos dados. Ela não se baseia em regras linguísticas. Um pioneiro desse campo, Frederick Jelinek, observou: "Toda vez que demito um linguista, o desempenho do reconhecedor de fala melhora."[4] Claramente, esse é um desenvolvimento assustador para linguistas e tradutores. Todos os outros tipos de tarefas — incluindo reconhecimento de imagem, compras e conversas — estão sendo identificadas como problemas complexos de predição passíveis de aplicação do aprendizado de máquina.

Ao possibilitar decisões mais complexas, uma melhor predição reduz o risco. Por exemplo, uma das recentes aplicações da IA é na radiologia. Muito do que os radiologistas fazem atualmente envolve a captura de imagens e a identificação de questões preocupantes. Eles preveem anormalidades nas imagens.

As IAs estão cada vez mais aptas a desempenhar essa função de predição no mesmo nível da humana ou melhor, o que ajuda radiologistas e outros especialistas a tomarem decisões que tenham impacto sobre os pacientes. A métrica de desempenho essencial é a precisão do diagnóstico: se a máquina prevê doença quando o paciente está doente, e não prevê doença quando o paciente está saudável.

No entanto, devemos considerar o que tais decisões envolvem. Suponha que os médicos suspeitem de um caroço e decidam como determinar se é canceroso. Uma opção é a imagem de diagnóstico médico. Outra é algo mais invasivo, como uma biópsia, que tem a vantagem de fornecer um diagnóstico preciso. O problema, claro, é que uma biópsia é invasiva; assim, tanto os médicos quanto os pacientes preferem evitá-la se a probabilidade de a questão ser grave for baixa. O trabalho do radiologista é fornecer uma razão para não realizar um procedimento invasivo. O ideal é realizar um procedimento apenas para confirmar um diagnóstico grave. A biópsia elimina o risco de não tratar uma doença fatal, mas tem um custo. A decisão de realizá-la depende de quão custosa e invasiva é e de quão ruim seria ignorar a doença. Os médicos usam esses fatores para decidir se a biópsia vale seus custos físicos e monetários.

Com um diagnóstico confiável de uma imagem, os pacientes podem abrir mão da biópsia invasiva. Eles podem tomar uma atitude que, sem a predição, seria muito arriscada. Não precisam mais fazer concessões. Avanços na IA significam menor necessidade de aceitar como satisfatório e mais "se" e "então". Mais complexidade com menos risco. Isso transforma a tomada de decisão através da expansão das opções.

PONTOS PRINCIPAIS

- A predição aprimorada permite que os tomadores de decisão, humanos ou máquinas, lidem com mais "se" e "então", o que leva a melhores resultados. Por exemplo, no caso da orientação, ilustrado neste capítulo com o robô-carteiro, as máquinas preditivas libertam os veículos autônomos de sua limitação de operar apenas em ambientes controlados. Essas configurações são caracterizadas por seu número limitado de "se" (ou estados). As máquinas preditivas permitem que os veículos autônomos operem em ambientes não controlados, como em uma rua da cidade, porque, em vez de codificar todos os possíveis "se" antecipadamente, a máquina aprende a prever o que um controlador humano faria em qualquer situação específica. Da mesma forma, o exemplo das salas de espera ilustra como a predição aprimorada facilita mais "então" (por exemplo, "sair no horário X, Y ou Z", dependendo da previsão de quanto tempo levará para chegar ao aeroporto em um determinado momento, em um determinado dia), em vez de sempre ter que sair cedo "só para garantir" e depois passar mais tempo esperando no aeroporto.

- Na ausência de uma boa predição, "aceitamos opções como satisfatórias", tomando decisões que são "boas o suficiente", dadas as informações disponíveis. Sempre sair cedo para o aeroporto e, frequentemente, ter que esperar porque chegou cedo é um exemplo de aceitar a opção como satisfatória. Essa solução não é ideal, mas é boa o suficiente dada a informação disponível. O robô-carteiro e a sala de espera do aeroporto são invenções projetadas em resposta ao satisfatório. As máquinas preditivas reduzirão a necessidade de aceitar a solução satisfatória e, assim, reduzirão o retorno do investimento em soluções como essas.
- Estamos tão acostumados a aceitar soluções satisfatórias em nossos negócios e em nossas vidas que será necessário imaginar a vasta gama de transformações possíveis como resultado de máquinas preditivas capazes de lidar com mais "se" e "então", e, portanto, com decisões mais complexas em ambientes mais complexos. Não é intuitivo para a maioria das pessoas pensar em salas de espera de aeroportos como uma solução para uma predição deficiente, e que essas soluções serão menos valiosas em uma era com máquinas preditivas poderosas. Outro exemplo é o uso de biópsias, que existem em grande parte em resposta à fragilidade das predições das imagens médicas. À medida que a confiança nas máquinas preditivas aumenta, o impacto das IAs de imagens médicas pode ser muito maior nos trabalhos associados à realização de biópsias, porque, como nos aeroportos, esse procedimento caro e invasivo foi inventado em resposta a uma predição precária. Salas de aeroporto e biópsias são soluções de gerenciamento de risco. As máquinas preditivas fornecerão novos e melhores métodos para gerenciar riscos.

11

Tomada de Decisão Totalmente Automatizada

Em 12 de dezembro de 2016, o membro do Tesla Motors Club, "jmdavis", relatou em um fórum sobre veículos elétricos uma experiência que teve em seu Tesla. Enquanto dirigia para o trabalho em uma estrada da Flórida a cerca de 100km/h, o painel de seu Tesla indicava um carro à frente, que ele não podia ver porque o caminhão imediatamente à sua frente bloqueava sua visão. De repente, seus freios de emergência entraram em ação, embora o caminhão à frente não tivesse desacelerado. Um segundo depois, o caminhão atravessou de lado na pista para evitar bater no carro à sua frente, que de fato freou bruscamente por causa de detritos na estrada. O Tesla decidiu frear antes que o caminhão na frente o fizesse, permitindo que o carro de jmdavis parasse com muita folga. Ele escreveu:

> Se eu estivesse dirigindo manualmente, é improvável que tivesse conseguido parar a tempo, já que não via o carro que havia parado. O carro reagiu bem antes que o carro à minha frente reagisse, e isso fez a diferença entre uma batida e uma parada brusca. Belo trabalho, Tesla, obrigado por me salvar.[1]

A Tesla acabara de enviar uma atualização de software para seus veículos, o que permitiu que seu recurso Autopilot explorasse as informações do radar para obter uma imagem mais clara do ambiente em frente ao carro.[2] Embora o recurso da Tesla tenha sido ativado enquanto o carro estava no modo de autodireção, é fácil imaginar uma situação em que um carro assuma o controle das mãos de um humano no caso de um acidente iminente. Fabricantes de automóveis nos Estados Unidos chegaram a um acordo com o Departamento de Transporte para criar o padrão de frenagem automática de emergência em veículos até 2022.[3]

Muitas vezes, a distinção entre IA e automação é confusa. A automação surgirá quando uma máquina for capaz de realizar a tarefa completa, não apenas a predição. No momento em que escrevo este livro, um humano ainda precisa intervir periodicamente na condução do veículo. Quando devemos esperar a automação total?

A IA, em sua forma atual, envolve uma máquina executando um elemento: a predição. Cada um dos outros elementos representa um complemento a ela, algo que se torna mais valioso à medida que a predição fica mais barata. Os retornos relativos quando as máquinas também executam os outros elementos indicam se vale a pena ou não partir para a automação completa.

Humanos e máquinas acumulam dados, sejam para entrada, treinamento ou feedback, dependendo do tipo. Por fim, um humano deve fazer um julgamento, mas ele pode ser programado na máquina antes da predição. Ou a máquina aprende a prever o julgamento humano por meio de feedback. Isso nos leva à ação. Quando é melhor que as máquinas, e não os humanos, realizem as ações? Ou, melhor, quando é mais vantajoso uma máquina lidar com a predição do que um humano realizar a ação? Devemos determinar as vantagens para as máquinas executarem os outros elementos (coleta de dados, julgamento, ações) para decidir se uma tarefa deve ser ou será totalmente automatizada.

Óculos de Sol à Noite

A remota região de Pilbara, na Austrália, possui grandes quantidades de minério de ferro. A maioria das minas fica a mais de 1.500km da cidade mais próxima, Perth. Todos os funcionários são levados até o local para turnos intensivos, que duram semanas. Por conseguinte, as empresas de mineração pagam salários mais altos que a média e ainda precisam contabilizar os custos de manutenção dos funcionários no local. Não é de surpreender que as empresas queiram tirar o máximo proveito dos funcionários enquanto estão lá.

As grandes minerações de ferro da gigante do setor Rio Tinto são empreendimentos que exigem altos investimentos (chamados de intensivos de capital), não apenas em custo, mas também em espaço. Elas extraem minério de ferro do topo do solo em poços tão grandes que nem o impacto de um meteoro reproduziria. Assim, o trabalho principal é o transporte usando caminhões do tamanho de casas de dois andares, não apenas do fundo da cratera, como também até as linhas ferroviárias nas redondezas, construídas para transportar o minério por milhares de quilômetros ao norte até os portos. O custo real para as empresas de mineração não é, portanto, o pessoal, mas o tempo ocioso.

As empresas de mineração, é claro, tentaram otimizar o tempo, operando durante toda a noite. No entanto, mesmo os humanos mais adaptáveis não são tão produtivos à noite. Inicialmente, a Rio Tinto resolveu alguns dos seus problemas de recursos humanos empregando caminhões que poderia controlar remotamente a partir de Perth.[4] Mas, em 2016, ela foi um passo além, utilizando 73 caminhões autodirigíveis que operavam de forma autônoma.[5] Essa automação já economizou para a Rio Tinto 15% dos custos operacionais. A mina opera seus caminhões 24 horas por dia, sem intervalos para idas ao banheiro e sem ar-condicionado para os motoristas, mesmo com temperaturas passando de 50°C durante o dia. Por fim, sem motoristas, os caminhões não precisam ter parte traseira e dianteira, o que significa que não precisam se virar, economizando ainda mais em termos de segurança, espaço, manutenção e velocidade.

A IA tornou isso possível ao prever os perigos no trajeto dos caminhões e coordenar sua passagem até os poços. Não é preciso que motoristas humanos cuidem da segurança do caminhão no local ou mesmo remotamente. E há menos humanos por perto, o que diminui o risco de acidentes envolvendo pessoas. Indo ainda mais longe, mineradoras do Canadá têm investido na criação de robôs baseados em IA para cavar o solo; enquanto na Austrália a intenção é automatizar toda a cadeia, do solo ao porto (incluindo escavadeiras, retroescavadeiras e trens).

A mineração é a oportunidade perfeita para a automação completa precisamente porque já removeu os humanos de muitas atividades. Atualmente, os humanos realizam funções específicas, mas importantes. Antes dos recentes avanços na IA, tudo, exceto a predição, já podia ser automatizado. Máquinas preditivas representam o último passo na remoção de humanos de muitas das tarefas envolvidas. Antes, um humano examinava o ambiente ao redor e informava ao equipamento exatamente o que fazer. Agora, é a IA que coleta as informações de sensores e aprende como prever obstáculos para obter caminhos livres. Como uma máquina é capaz de prevê-los, as empresas de mineração não precisam mais de seres humanos para isso.

Se o elemento humano definitivo em uma tarefa é a predição, então, assim que a máquina for capaz de se sair tão bem quanto uma pessoa, o tomador de decisão pode remover o humano da equação. No entanto, como veremos neste capítulo, poucas tarefas são tão claras quanto o caso da mineração. Para a maioria das decisões de automação, o fornecimento de predição de máquina não significa necessariamente que valha a pena substituir o elemento humano por uma máquina na tomada de decisão, nem remover a ação humana e substituí-la por um robô físico.

Sem Tempo ou Necessidade de Pensar

Máquinas preditivas tornaram possíveis carros autônomos, como os da Tesla. Mas usá-las para desencadear a substituição automática dos humanos pelas máquinas no controle de um veículo é outra questão. O viés racional é fácil de entender: entre o momento em que um acidente é previsto e a reação exigida, um humano não tem tempo para refletir ou agir ("não há *tempo* para pensar"). Em contrapartida, é relativamente fácil programar a resposta do veículo. Quando a velocidade é necessária, o benefício de ceder o controle à máquina é alto.

Quando você emprega uma máquina preditiva, a predição feita deve ser comunicada ao tomador de decisão. Mas, se ela levar diretamente a um curso óbvio de ação ("sem *necessidade* de pensar"), as vantagens de deixarmos o julgamento para um humano são menores. Se uma máquina pode ser codificada para julgar e lidar com a ação consequente com relativa facilidade, vale deixar toda a tarefa para a máquina.

Isso levou a todos os tipos de inovações. Nas Olimpíadas do Rio, de 2016, uma nova câmera robótica filmou os nadadores embaixo d'água, rastreando seus movimentos e se movendo para captar a imagem certa do fundo da piscina.[6] Antes, os operadores controlavam remotamente as câmeras, mas era preciso prever a localização do nadador. Agora, uma máquina preditiva é capaz de fazer isso. A natação foi apenas o começo. Os pesquisadores agora estão trabalhando para levar essa automação de câmeras a esportes mais complexos, como o basquete.[7] Mais uma vez, a necessidade de julgamento rápido e codificável conduz à mudança para a automação total.

O que a prevenção de acidentes e as câmeras esportivas automatizadas têm em comum? Em ambos os casos, há altos benefícios para respostas de ação rápida a uma predição e um julgamento codificável ou previsível. A automação ocorre quando o retorno de as máquinas lidarem com todas as funções é maior do que o de quando utilizamos humanos no processo.

A automação também surge quando os custos de comunicação são altos. Um exemplo é a exploração espacial. É muito mais fácil enviar robôs do que pessoas para o espaço. Diversas empresas têm desenvolvido maneiras de extrair minerais valiosos da Lua, mas precisam superar muitos desafios técnicos. O que nos interessa aqui é como os robôs que estiverem na Lua se orientarão e agirão. Leva pelo menos dois segundos para um sinal de rádio chegar à Lua e voltar; então o processo de um humano, na Terra, operar um robô na Lua é lento e penoso. O robô não consegue reagir rapidamente a novas situações. Se um robô se movendo sobre a superfície da Lua de repente encontra um penhasco, qualquer atraso na comunicação significa que as instruções ambientadas na Terra podem chegar tarde demais. Máquinas preditivas fornecem uma solução. Com uma boa predição, as ações do robô que estiver na Lua podem ser automatizadas, sem a necessidade de um humano na Terra guiar cada passo. Sem a IA, tais empreendimentos provavelmente seriam impossíveis.

Quando a Lei Exige que um Humano Aja

A noção de que a automação total provoca danos tem sido um tema comum na ficção científica. Mesmo se estivermos confortáveis com a autonomia total das máquinas, a lei pode não permiti-la. Isaac Asimov antecipou-se à questão regulatória ao optar pela codificação principal de robôs baseada em três leis, habilmente pensadas para remover a possibilidade de que os robôs machuquem qualquer ser humano.[8]

Da mesma forma, os filósofos modernos frequentemente apresentam dilemas éticos que parecem abstratos. Considere o problema do bonde: imagine-se diante de um interruptor que permite que você troque o bonde de um trilho para outro. Você vê cinco pessoas no caminho do bonde e pode simplesmente mudá-lo para o outro trilho, mas nele há uma pessoa. Você não tem outras opções e não tem tempo para pensar. Qual é a sua decisão? Essa questão atormenta muitas pessoas, e, na maioria das vezes, elas simplesmente preferem não ter que pensar no dilema. Com carros autônomos, no entanto, é provável que essa situação ocorra. Alguém terá que resolver o impasse e programar a resposta apropriada no carro. O problema não pode ser evitado. Alguém — provavelmente a lei — determinará quem vive e quem morre.

No momento, em vez de codificar nossas escolhas éticas em máquinas autônomas, optamos por manter um humano no circuito. Por exemplo, imagine um drone de combate que opere de forma completamente autônoma — identificando, mirando e matando inimigos por conta própria. Mesmo que um general do exército fosse capaz de encontrar uma máquina preditiva capaz de distinguir civis de combatentes, quanto tempo levaria para que os combatentes descobrissem como enganá-la? O nível necessário de precisão para que isso seja possível pode não estar disponível tão cedo. Assim, em 2012, o Departamento de Defesa dos EUA apresentou uma diretriz que muitos interpretaram como uma exigência de que a decisão de atacar ou não seja sempre tomada por uma pessoa.[9] Embora não esteja claro se o requisito deve ser sempre seguido, a necessidade de intervenção humana, por qualquer motivo, limitará a autonomia das máquinas de predição, mesmo quando elas puderem operar por conta própria.[10] Mesmo o software Autopilot, da Tesla — apesar de ser capaz de dirigir um carro —, vem com termos e condições legais que exigem que os motoristas mantenham as mãos no volante todo o tempo.

Do ponto de vista dos economistas, isso se aplicará conforme o contexto do potencial dano. Por exemplo, operar um veículo autônomo em uma mina remota ou em uma fábrica é bem diferente de operar em vias públicas. O que distingue o ambiente "dentro da fábrica" da "estrada aberta" é a eventualidade do que os economistas chamam de "externalidades" — custos que são sentidos pelos outros, e não pelos principais tomadores de decisão.

Os economistas têm várias soluções para o problema das externalidades. Uma é atribuir a responsabilidade de modo que o principal tomador de decisões internalize esses custos externos. Por exemplo, uma taxa de carbono desempenha esse papel no contexto de externalidades internalizadas associadas à mudança climática. Mas, quando se trata de máquinas autônomas, a identificação da parte responsável é complexa. Quanto mais próxima a máquina estiver de causar dano em potencial para os que estão fora da organização (e, é claro, de causar dano físico aos internos), maior a probabilidade de que manter um humano agindo no processo seja não só prudente como legalmente exigido.

Quando os Seres Humanos São Melhores na Ação

Pergunta: O que é um ponto brilhante em uma vaca?

A resposta? Um carrapato de piercing.

Essa piada é engraçada? Ou esta: Uma garotinha perguntou ao pai: "Papai, todos os contos de fadas começam com 'Era uma vez'?" Ele respondeu: "Não, há um tipo que começa com: 'Se for eleito, eu prometo...'"

Ok, reconhecidamente, os economistas não são os melhores contadores de piadas. Mas somos melhores nisso do que as máquinas. O pesquisador Mike Yeomans e sua equipe descobriram que as pessoas acham uma piada menos engraçada se pensam que foi uma máquina que a recomendou, em vez de um humano. Os pesquisadores perceberam que as máquinas fazem um trabalho melhor ao recomendar piadas, mas as pessoas preferem acreditar que os humanos o fizeram. As pessoas que liam as piadas ficavam mais satisfeitas quando lhes diziam que as recomendações originavam-se de um humano; mas elas, na verdade, eram determinadas pelas máquinas.

Isso também é verdade para espetáculos e torneios. O poder da arte se origina da percepção do espectador da experiência humana do artista. Parte da emoção de assistir a um evento esportivo depende de haver um competidor humano. Mesmo que uma máquina corra mais rápido que uma pessoa, o resultado da corrida é menos empolgante.

Brincar com crianças, cuidar de idosos e muitas outras ações que envolvem interação social também são inerentemente melhores quando se trata de um ser humano as praticando. Mesmo que uma máquina saiba quais informações apresentar a uma criança para fins educativos, às vezes é melhor que um humano as transmita. Ainda que com o tempo nós, seres humanos, tornemo-nos mais complacentes com a presença de robôs para cuidar de nós e de nossos filhos, e até passemos a gostar de assistir a competições esportivas de robôs, hoje ainda preferimos que algumas ações sejam praticadas por outros humanos.

Enquanto um ser humano for mais adequado para a ação, essas decisões não serão totalmente automatizadas. Em outras ocasiões, a predição é o principal fator limitador da automação. Quando ela se tornar boa o suficiente e o julgamento dos dilemas for preestabelecido — uma pessoa faz a codificação principal ou a máquina aprende a observando —, as decisões acabarão sendo automatizadas.

PONTOS PRINCIPAIS

- A introdução da IA em uma tarefa não implica necessariamente sua automação total. A predição é apenas um componente. Em muitos casos, os humanos ainda são necessários para aplicar julgamentos e tomar ações. No entanto, às vezes, o julgamento pode ser codificado ou, se houver exemplos suficientes disponíveis, as máquinas podem aprender a prevê-lo. Além disso, as máquinas podem executar a ação. Quando elas executam todos os elementos da tarefa, ela é totalmente automatizada e os humanos são completamente removidos do processo.
- As tarefas com maior probabilidade de serem totalmente automatizadas primeiro são aquelas para as quais a automação total proporciona maiores benefícios. Elas incluem situações em que: (1) os outros elementos já estão associados automaticamente, exceto pela predição (por exemplo, a mineração); (2) os retornos em termos de velocidade de ação em resposta à predição são altos (por exemplo, carros sem motorista); (3) os retornos para reduzir o tempo de espera para as predições são altos (por exemplo, exploração espacial).
- Uma distinção importante entre veículos autônomos operando em uma rua da cidade versus aqueles que atuam em uma mina é que o primeiro exemplo gera externalidades significativas, enquanto o segundo, não. Veículos autônomos que operam em uma rua da cidade podem causar um acidente que incorra em custos suportados por indivíduos externos ao tomador de decisão. Por outro lado, os acidentes causados por veículos autônomos que operam em uma mina só acarretam custos que afetam ativos ou pessoas associadas à mina. Os governos regulam as atividades

que geram externalidades. Assim, a regulamentação é uma barreira potencial para a automação total de aplicações que geram externalidades significativas. A atribuição de responsabilidade é uma ferramenta comum usada por economistas para resolver esse problema internalizando externalidades. Antecipamos uma onda significativa de desenvolvimento de políticas relativas à atribuição de responsabilidade impulsionada por uma demanda crescente por muitas novas áreas de automação.

PARTE 3

Ferramentas

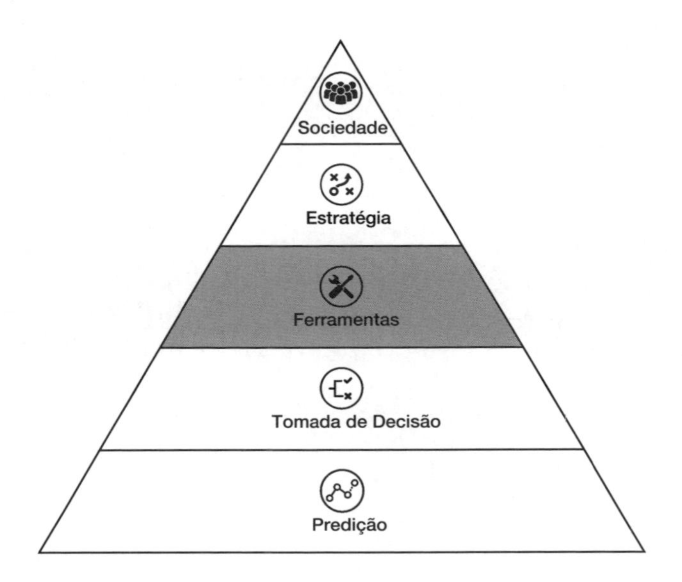

12

Desconstruindo Fluxos de Trabalho

No meio da revolução da TI, as empresas se perguntavam: "Como implementar computadores em nossas atividades?" Para algumas, a resposta foi fácil: "Substituir humanos por computadores nas áreas contábeis; são melhores, mais rápidos e baratos." Para outras empresas, isso era menos óbvio. No entanto, elas experimentaram. Mas os frutos dessas experiências levaram tempo para se materializar. Robert Solow, economista ganhador do Prêmio Nobel, lamentou: "Você pode ver a era dos computadores em todos os lugares, exceto nas estatísticas de produtividade."[1]

A partir desse desafio, surgiu um interessante movimento de negócios chamado "reengenharia". Em 1993, Michael Hammer e James Champy argumentaram, em seu livro *Reengenharia: Revolucionando a Empresa,* que para usar a nova tecnologia de propósito geral — os computadores — as empresas precisavam se distanciar de seus processos e definir o objetivo que desejavam alcançar. As empresas, então, precisavam estudar seu fluxo de trabalho e identificar as tarefas necessárias para atingir seu objetivo, e só então ponderar se os computadores tinham um papel nessas tarefas.

Um dos exemplos favoritos de Hammer e Champy foi o dilema que a Ford enfrentou na década de 1980: não em montar carros, mas em pagar seus fornecedores.[2] Nos Estados Unidos, seu departamento de contas a pagar empregava 500 pessoas, e a Ford esperava que, investindo alto em computadores, reduzisse esse número em 20%. O objetivo de ter 400 pessoas no departamento não era irreal; afinal, a Mazda, sua concorrente, tinha apenas 5 pessoas no mesmo setor. Enquanto na década de 1980 muitos se maravilhavam com a produtividade dos trabalhadores japoneses, não era preciso um guru da administração para perceber que algo a mais estava acontecendo.

Para alcançar um melhor desempenho, os gerentes da Ford tiveram que analisar o processo de compras. Entre o momento em que um pedido era feito e emitido até a realização da compra, muitas pessoas atuavam no processo. Se apenas uma dessas pessoas demorasse, todo o processo atrasava. Não é de se surpreender que houvesse algumas dificuldades, como quando era preciso conferir o pedido. Uma pessoa tinha que realizar essa tarefa. Assim, mesmo que apenas poucos pedidos tivessem problemas, a maior parte do tempo dessa pessoa era gasta resolvendo-os. Isso fazia com que todos os pedidos seguissem o ritmo do pedido com problemas.

Eis o potencial de um computador: não só reduziria as incompatibilidades que atrasavam o sistema, como também separava os casos mais complexos dos mais simples e garantia que esses últimos fossem processados em uma velocidade razoável. Depois que um novo sistema foi implementado, o departamento de contas a pagar da Ford se tornou 75% menor e todo o processo, significativamente mais rápido e preciso.

Nem todo caso de reengenharia era fundamentado em reduzir o número de pessoas, ainda que, infelizmente, muitos se baseassem nisso.[3] De forma mais ampla, a reengenharia melhorava a qualidade dos serviços. Em outro exemplo, a Mutual Benefit Life, uma grande seguradora, descobriu que, ao processar as solicitações, 19 pessoas em 5 departamentos realizavam 30 etapas distintas. Se apenas uma pessoa guiasse uma dessas solicitações por esse labirinto, toda a operação seria realizada em um dia. Mas, em vez disso, a operação levava de 5 a 25 dias. Por quê? Tempo em trânsito. Pior, uma variedade de outras ineficiências se acumulava, porque o processo era mantido em função de uma meta lenta. Mais uma vez, um banco de dados compartilhado alimentado por um sistema corporativo melhorou a tomada de decisões, reduziu o manuseio e aprimorou drasticamente a produtividade. No final, uma pessoa tinha autoridade sobre uma solicitação, reduzindo o tempo de processamento para quatro horas e alguns dias.

Como a computação clássica, a IA é uma tecnologia de propósito geral. Ela tem o potencial de afetar todas as decisões, porque a predição é um elemento fundamental para a tomada de decisões. Assim, nenhum gestor conseguirá grandes resultados em produtividade simplesmente "lançando a IA" em um problema ou um processo existente. Em vez disso, a IA é o tipo de tecnologia que exige repensar os processos da mesma maneira que Hammer e Champy o fizeram.

As empresas já estão realizando análises que dividem os fluxos de trabalho em tarefas. O CFO da Goldman Sachs, R. Martin Chávez, observou que muitas das 146 tarefas no processo inicial de oferta pública estavam "implorando para ser automatizadas".[4] Muitas dessas 146 tarefas baseiam-se em decisões que as ferramentas de IA conseguirão melhorar significativamente. Quando alguém escrever sobre a transformação da Goldman Sachs, daqui a uma década, uma parte importante da história tratará de como a ascensão da IA desempenhou um papel significativo nessa transformação.

A verdadeira implementação da IA ocorre através do desenvolvimento de ferramentas. A unidade de design da ferramenta de IA não é "o trabalho", "a ocupação" ou "a estratégia", mas sim "a tarefa". Tarefas são coleções de decisões (como as representadas pela Figura 7-1 e analisadas na Parte II). As decisões são baseadas na predição e no julgamento, e informadas pelos dados. As decisões dentro de uma tarefa geralmente compartilham esses elementos em comum. A diferença está na ação seguinte (veja a Figura 12-1).

Às vezes, é possível automatizar todas as decisões em uma tarefa. Ou agora podemos automatizar a última decisão que faltava, devido à predição aprimorada. O surgimento de máquinas preditivas nos faz pensar em como redesenhar e automatizar processos inteiros, ou o que chamamos aqui de "fluxos de trabalho", removendo os humanos dessas tarefas. Entretanto, para que a predição melhor e mais barata por si só leve à total automação, a utilização de máquinas preditivas também deve aumentar o retorno do uso de máquinas em outros aspectos de uma tarefa. Caso contrário, você terá que empregar uma máquina preditiva para trabalhar com os tomadores de decisão humanos.

FIGURA 12-1

Pensando em como redesenhar e automatizar o processo todo

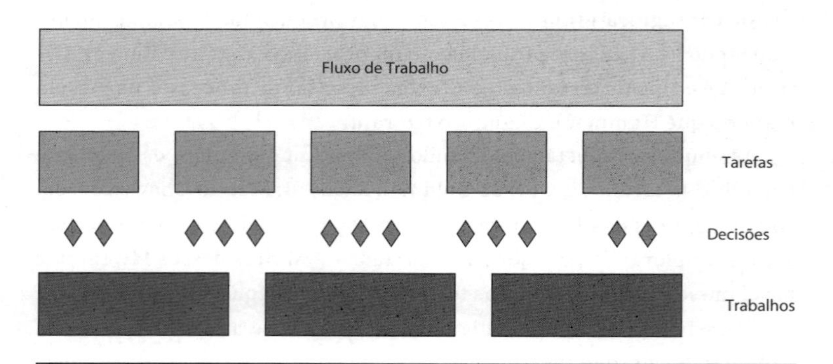

Impacto das Ferramentas de IA nos Fluxos de Trabalho

Já vimos mais de 150 empresas de IA no CDL, nosso laboratório que ajuda empresas de base científica a crescer. Cada uma está focada no desenvolvimento de uma ferramenta de inteligência artificial que aborde uma tarefa específica em um fluxo de trabalho específico. Uma startup prediz os trechos mais importantes de um documento e os destaca. Outra prediz defeitos de fabricação e os sinaliza. Outra, respostas adequadas para o atendimento ao cliente e esclarece dúvidas. E a lista continua. Grandes empresas implementam centenas, senão milhares, de diferentes IAs para aprimorar as várias tarefas nos próprios fluxos de trabalho. De fato, o Google está desenvolvendo mais de mil ferramentas de inteligência artificial para ajudar em uma ampla variedade de tarefas, desde o e-mail até a tradução e a condução de veículos.[5]

Para muitas empresas, as máquinas preditivas serão impactantes, mas de maneira incremental e discreta, da mesma forma que a inteligência artificial melhora muitas das aplicações de fotos em seu smartphone. Ela classifica as imagens de maneira útil, mas não altera fundamentalmente o modo como você usa as aplicações.

No entanto, você provavelmente está lendo este livro porque está interessado em saber como a inteligência artificial pode trazer mudanças fundamentais à sua empresa. As ferramentas de IA alteram os fluxos de trabalho de duas maneiras: primeiro, tornam algumas tarefas obsoletas e, portanto, removem-nas dos fluxos de trabalho. Em segundo lugar, adicionam novas tarefas. Isso difere para cada empresa e fluxo de trabalho.

Considere o problema em recrutar alunos para um programa de MBA, um processo com o qual estamos intimamente familiarizados. Você pode estar de um lado ou de outro de processos de recrutamento semelhantes, talvez para recrutar funcionários ou clientes. O fluxo de trabalho de recrutamento de MBA começa com um conjunto de possíveis aplicações e leva a um grupo de pessoas que recebem e aceitam ofertas. Possui três partes principais: (1) um funil de vendas, que consiste em etapas destinadas a estimular os pedidos; (2) um processo que considera quem recebe ofertas; (3) outras etapas que incentivam aqueles que as receberam a aceitá-las. Cada parte envolve uma alocação significativa de recursos.

Claramente, o objetivo de qualquer processo de recrutamento é obter uma turma com os melhores alunos. O que é "melhor", no entanto, é uma questão complexa, relacionada aos objetivos estratégicos da instituição. Por enquanto, vamos deixar de lado questões a respeito de como diferentes definições de "melhor" têm impacto sobre o design de ferramentas de IA (elas têm), bem como sobre tarefas dentro de fluxos de trabalho, e simplesmente presumir que a instituição tem uma definição clara do que melhor significa para ela. Isto é, dado um conjunto de inscrições, a instituição pode, com esforço, classificar os alunos em termos de melhor. Na prática, a etapa intermediária no fluxo de trabalho de recrutamento — escolher a quais candidatos fazer ofertas — envolve decisões importantes sobre se as ofertas devem ocorrer no início ou no fim do processo e se elas devem ser acompanhadas de incentivos financeiros ou algum tipo de ajuda. Essas decisões vão além de simplesmente direcionar o melhor, mas também preveem o método mais eficaz para fazer com que os melhores as aceitem (algo que acontece mais adiante no fluxo de trabalho).

Os sistemas atuais de classificação de inscrições envolvem avaliações grosseiras. Os candidatos são normalmente classificados como a, b e c, de acordo com (a) claramente deve receber uma oferta; (b) deve receber uma oferta se os candidatos do grupo (a) a recusarem; (c) nenhuma oferta. Isso, por sua vez, leva a uma necessidade de gerenciamento de riscos para equilibrar os prós e contras das ações que podem aumentar a probabilidade de erros. Por exemplo, você não quer colocar alguém no grupo (c) que deveria estar em (a) ou mesmo (b) por razões que não são aparentes na inscrição. Da mesma forma, você não deseja alocar alguém para (a) quando deveria ser posterior na fila de prioridade. Como as aplicações são multidimensionais, as avaliações que fazem com que os candidatos sejam alocados em grupos misturam o objetivo e o subjetivo.

Suponha que o programa de MBA tenha desenvolvido uma IA que receba inscrições e outras informações — talvez as entrevistas em vídeo que as pessoas costumam enviar, junto a informações disponíveis publicadas nas redes sociais —, e, treinada com dados anteriores que indicam como essas inscrições e informações se traduziram nas pontuações dos melhores, classifique precisamente todos os candidatos. Essa ferramenta de IA tornará a tarefa de escolher quais candidatos devem receber ofertas mais rápidas, baratas e precisas. A questão-chave é: como essa tecnologia de predição mágica impactará o restante do fluxo de trabalho do MBA?

Nossa hipotética tecnologia para classificar os candidatos fornece uma predição que nos diz quais candidatos provavelmente serão os melhores. O que afetará as decisões durante todo o fluxo de trabalho. Isso inclui ofertas antecipadas (talvez para se antecipar a outras instituições), incentivos financeiros (bolsas de estudo) e atenção especial (almoços com ex-alunos ou alunos de destaque). Para todas essas decisões existem dilemas (concessões) e recursos escassos. Ter uma lista mais precisa de candidatos em termos de conveniência mudará quem recebe esses recursos. Além disso, podemos estar dispostos a gastar muito mais em incentivos financeiros para os candidatos nos quais confiamos que são os melhores.

A classificação preditiva tem um impacto ainda maior nas decisões tomadas antes que as instituições recebam as inscrições. Muitas delas sabem que, embora desejem ter mais inscritos, se esse número for muito grande, enfrentarão o problema de os avaliar e classificar. Nossa máquina preditiva reduz drasticamente o custo dessas classificações. Como consequência, aumenta os benefícios de ter mais inscrições para avaliar. Isso é especialmente verdadeiro se a tecnologia também pesar a seriedade da inscrição (já que é mágico, por que não?). Assim, as instituições conseguem expandir o alcance de seu grupo de candidatos. Elas podem reduzir as taxas de inscrições para zero, porque classificá-las é tão fácil que não há custo real para o recebimento de muitos candidatos.

Finalmente, mudanças no fluxo de trabalho se tornam mais elementares. Com essa classificação, a instituição poderia reduzir o tempo entre o envio da inscrição e a oferta de vaga. Se a classificação for boa o suficiente, pode ser quase *instantânea*, mudando significativamente o tempo de todo o fluxo de trabalho e a dinâmica da concorrência para os melhores candidatos ao MBA.

Esse tipo de IA é hipotético, mas o exemplo ilustra como alocar ferramentas de IA nas tarefas de um fluxo de trabalho remove algumas delas (por exemplo, a classificação manual de inscrições) e também adiciona outras (por exemplo, uma publicidade de alcance mais amplo). Cada negócio terá, é claro, resultados diferentes; mas, decompondo os fluxos de trabalho, as empresas avaliam se as máquinas preditivas provavelmente irão muito além das decisões isoladas para as quais foram projetadas.

Como uma Ferramenta de IA Alimenta o Teclado do iPhone

Em certo sentido, o teclado do smartphone tem mais em comum com as máquinas de escrever mecânicas originais do que com o teclado que você usa em seu computador pessoal. Você pode ter idade suficiente para ter usado uma máquina de escrever desse tipo e lembrar-se de que, se digitasse com muita rapidez, o mecanismo ficava preso. Por isso, os teclados têm o familiar layout QWERTY; esse padrão de design limita a possibilidade de apertar duas teclas adjacentes, que é o que emperrava as máquinas de escrever mecânicas mais antigas. Mas esse mesmo recurso também desacelerou até os digitadores mais rápidos.

O design QWERTY persistiu, mesmo que o mecanismo que causava todos os problemas não seja mais relevante. Quando os engenheiros da Apple projetaram o iPhone, debateram se finalmente se livrariam completamente do padrão QWERTY. O que os mantinha ainda utilizando-o era a familiaridade. Afinal de contas, seu concorrente mais próximo na época, o BlackBerry, tinha um teclado físico QWERTY que funcionava tão bem que o produto era conhecido como "Crackberry", por sua natureza viciante.

O "maior projeto científico" do iPhone foi o teclado virtual.[6] Mas até 2006 (o iPhone foi lançado em 2007), o teclado era terrível. Não só não conseguiria competir com o BlackBerry, como era tão frustrante que ninguém o usaria para digitar uma mensagem de texto, muito menos um e-mail. O problema era que, para caber na tela LCD de 4,7 polegadas, as teclas eram muito pequenas. Isso significava que era fácil apertar a tecla errada. Muitos engenheiros da Apple inventaram designs diferentes do padrão QWERTY.

Com apenas três semanas para encontrar uma solução — que, se não encontrada, poderia ter destruído todo o projeto —, todos os desenvolvedores de software do iPhone tiveram liberdade para explorar outras opções. No final das três semanas, tinham um teclado que parecia um pequeno teclado QWERTY com um ajuste substancial. Apesar de a imagem que o usuário via não ser alterada, a área da superfície em torno de um determinado conjunto de chaves expandia-se durante a digitação. Quando um usuário se expressa em inglês e digita um "t" há uma alta probabilidade de que a letra seguinte seja um "h" e, portanto, a área em torno dessa tecla era expandida. Depois disso, "e" e "i" se expandiam, e assim por diante.

Esse foi o resultado de uma ferramenta de IA em ação. Antes de praticamente qualquer outra pessoa, os engenheiros da Apple usaram o aprendizado de máquina de 2006 para construir algoritmos preditivos de modo que o tamanho da tecla mudasse dependendo do que a pessoa digitasse. Uma tecnologia com a mesma herança alimenta o corretor preditivo de texto que você vê hoje. Mas, fundamentalmente, a razão pela qual isso funcionou foi o QWERTY. O mesmo teclado projetado para garantir que você não precisasse digitar teclas adjacentes permitiu que as teclas do smartphone se expandissem quando necessário, porque a tecla seguinte dificilmente estaria próxima da que você acabou de usar.

O que os engenheiros da Apple fizeram ao desenvolver o iPhone foi entender precisamente o fluxo de trabalho necessário para se usar um teclado. Um usuário deve identificar uma tecla, tocá-la e depois passar para outra. Ao decompor esse fluxo de trabalho, eles perceberam que uma tecla não precisava ser a mesma a ser identificada e tocada. E, ainda mais importante, a predição descobriria a ação seguinte do usuário. Entender o fluxo de trabalho foi fundamental para se chegar à melhor forma de implementar a ferramenta de IA. Isso vale para todos os fluxos de trabalho.

PONTOS PRINCIPAIS

- As ferramentas de IA são soluções pontuais. Cada uma gera uma predição específica, e a maioria é projetada para executar uma tarefa específica. Muitas startups de IA são baseadas na construção de uma única ferramenta de inteligência artificial.
- Grandes empresas são compostas de fluxos de trabalho que transmutam entradas em saídas. Eles são formados por tarefas (por exemplo, uma IPO da Goldman Sachs é um fluxo de trabalho composto por 146 tarefas distintas). Ao decidir como implementar a IA, as empresas dividem seus fluxos de trabalho em tarefas, estimam o ROI para construir ou comprar uma IA para executá-las, classificam as IAs em termos de ROI e depois começam a trabalhar do topo da lista para baixo. Às vezes, uma empresa pode simplesmente lançar uma ferramenta de inteligência artificial em seu fluxo de trabalho e obter um benefício imediato devido ao aumento da produtividade. Muitas vezes, no entanto, não é assim tão fácil. Extrair um benefício real da implementação de uma ferramenta de

inteligência artificial requer repensar ou a "reengenharia" de todo o fluxo de trabalho. Como resultado, semelhante à revolução do computador pessoal, levará tempo para ver os ganhos de produtividade da IA em muitas empresas tradicionais.

- Para ilustrar o efeito potencial da IA em um fluxo de trabalho, descrevemos uma IA fictícia que prevê a classificação de candidatos a um curso de MBA. Para obter o benefício total dessa máquina preditiva, a instituição teria que reprojetar seu fluxo de trabalho. Seria necessário eliminar a tarefa de classificar manualmente as inscrições e expandir a tarefa de marketing do programa, pois a IA aumentaria os retornos para um grupo maior de candidatos (melhores predições sobre quem terá êxito e menor custo da avaliação das inscrições). A instituição modificaria a tarefa de oferecer incentivos, como bolsas de estudo e ajuda financeira, em razão da maior certeza sobre quem será bem-sucedido. Finalmente, ajustaria outros elementos do fluxo de trabalho para aproveitar a capacidade de obter decisões instantâneas de admissão.

13

Segmentando Decisões

As ferramentas de IA de hoje estão longe das máquinas com inteligência humana da ficção científica (muitas vezes chamadas de "inteligência artificial geral", IAG ou "IA forte"). A geração atual de IA fornece ferramentas para predição e um pouco mais.

Essa visão da IA não a diminui. Como Steve Jobs observou certa vez: "Uma das coisas que realmente nos distinguem dos demais primatas é que somos construtores de ferramentas." Ele usou o exemplo da bicicleta como uma ferramenta que deu às pessoas superpoderes em locomoção, superiores a qualquer outro animal. E sentiu o mesmo em relação aos computadores: "Para mim, um computador é a ferramenta mais notável que já concebemos e é o equivalente a uma bicicleta para nossas mentes."[1]

Hoje, ferramentas de inteligência artificial preveem a intenção da fala (Echo, da Amazon), o contexto do comando (Siri, da Apple), o que você deseja comprar (recomendações da Amazon), quais links o levarão até as informações que deseja encontrar, quando acionar os freios para evitar o perigo (piloto automático do Tesla) e preveem as notícias que você vai querer ler (newsfeed do Facebook). Nenhuma dessas ferramentas de inteligência artificial executa um fluxo de trabalho inteiro. Em vez disso, cada uma fornece um componente preditivo para facilitar a tomada de decisão por alguém. A IA possibilita tudo isso.

Porém, como decidir se deve usar uma ferramenta de IA para uma tarefa específica em sua empresa? Toda tarefa tem um grupo central de decisões, e elas têm um elemento preditivo.

Nós fornecemos uma maneira de avaliar a IA dentro do contexto das tarefas. Assim como sugerimos identificá-las desmembrando o fluxo de trabalho para descobrir se a IA pode ter um papel relevante, agora sugerimos que cada uma dessas tarefas seja decomposta em seus elementos constituintes.

O Canvas da IA

O CDL nos expôs a muitas startups aproveitando as recentes tecnologias de aprendizado de máquina para construir novas ferramentas de inteligência artificial. Cada empresa no laboratório se baseia na criação de uma ferramenta específica; algumas, para experiências do consumidor, mas, a maioria, para clientes corporativos. O último tipo se concentra na identificação de oportunidades de tarefas nos fluxos de trabalho da empresa para focar e posicionar sua oferta. Elas desconstroem fluxos de trabalho, identificam uma tarefa com um elemento de predição e constroem seus negócios com base no fornecimento de uma ferramenta para viabilizar essa predição.

Ao aconselhá-las, achamos útil desmembrar as partes de uma decisão em cada um de seus elementos (veja a Figura 7-1): predição, entrada, julgamento, treinamento, ação, resultado e feedback. No processo, desenvolvemos um "Canvas de IA" para ajudar a decompor as tarefas, a fim de entender o papel potencial de uma máquina preditiva (veja a Figura 13-1). O canvas é uma ajuda para contemplar, construir e avaliar ferramentas de IA; orienta a identificação de cada componente da decisão de uma tarefa. Ele nos obriga a ter clareza ao descrever cada componente.

FIGURA 13-1

O Canvas da IA

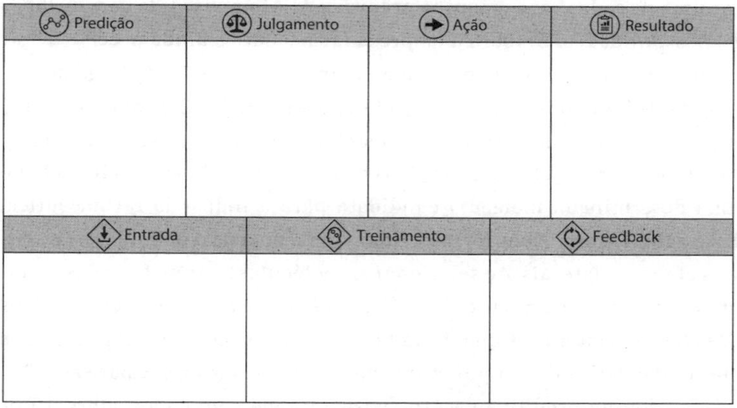

Predição	Julgamento	Ação	Resultado

Entrada	Treinamento	Feedback

Para ver como isso funciona, consideremos a Atomwise, que oferece uma ferramenta de predição para encurtar o tempo envolvido na descoberta de fármacos promissores. Milhões de moléculas podem se tornar medicamentos, mas comprar e testar cada droga é demorado e caro. Como as empresas farmacêuticas determinam qual testar? Elas fazem suposições baseadas em fatos ou predições advindos de pesquisas que sugerem quais moléculas são mais prováveis de se tornar drogas eficazes.

O CEO da Atomwise, Abraham Heifets, forneceu-nos uma rápida explicação da ciência: "Para uma droga funcionar, tem que se ligar à proteína-alvo da doença, e não às do fígado, rins, coração, cérebro ou de outros lugares em que causarão efeitos colaterais nocivos. Tudo se resume a 'se ligar às coisas as quais você quer, e não às que não quer.'"

Assim, se as empresas farmacêuticas forem capazes de prever a afinidade de ligação, identificam quais moléculas têm maior probabilidade de funcionar. A Atomwise fornece essa predição, oferecendo uma ferramenta de IA que torna mais eficiente essa tarefa. A ferramenta usa a IA para prever a afinidade de ligação das moléculas; assim, a Atomwise recomenda às empresas farmacêuticas, em uma lista de classificação, quais moléculas têm a melhor afinidade de ligação para uma proteína da doença. Por exemplo, a Atomwise pode fornecer as 20 moléculas com a maior afinidade de ligação para, digamos, o vírus Ebola. Em vez de testar uma de cada vez, a máquina preditiva da Atomwise lida com milhões de possibilidades. Embora a empresa farmacêutica ainda precise testar e verificar as candidatas por meio de uma combinação de julgamentos e ações de humanos e máquinas, a ferramenta de IA da Atomwise reduz drasticamente o custo e acelera a velocidade da tarefa de encontrá-las.

Onde entra o julgamento? No reconhecimento do valor agregado de uma determinada molécula candidata para a indústria farmacêutica. Esse valor assume duas formas: lidar com a doença e entender os possíveis efeitos colaterais. Ao selecionar as moléculas a serem testadas, a empresa precisa determinar os benefícios de lidar com a doença e os custos dos efeitos colaterais. Como Heifets observou: "Você é mais tolerante aos efeitos colaterais da quimioterapia do que aos de um creme para acne."

A máquina preditiva da Atomwise aprende com dados sobre afinidade de ligação. Em julho de 2017, ela tinha 38 milhões de referências públicas sobre afinidade de ligação mais muitas outras que comprou ou descobriu sozinha. Cada referência consiste em características de moléculas e proteínas, bem como no nível de ligação entre elas. À medida que a Atomwise faz mais recomendações, obtém mais feedback dos clientes; então, a máquina preditiva continuará a melhorar.

Ao usar a máquina, considerando-se os dados sobre as características das proteínas, a Atomwise é capaz de prever quais moléculas têm maior afinidade de ligação. Ela também pega esses dados e prevê se as moléculas que nunca foram produzidas terão alta afinidade de ligação.

Para decompor a tarefa de seleção de moléculas da Atomwise, preenche-se o canvas (veja a Figura 13-2). Isso significa identificar o seguinte:

- AÇÃO: O que você está tentando fazer? Para a Atomwise, é testar moléculas para ajudar a curar ou prevenir doenças.
- PREDIÇÃO: O que você precisa saber para tomar a decisão? A Atomwise prevê afinidades de ligação entre moléculas e proteínas.
- JULGAMENTO: Como você pesa diferentes resultados e erros? A Atomwise e seus clientes definiram o critério em termos da

importância de lidar com a doença e os custos relativos aos possíveis efeitos colaterais.

- RESULTADO: Qual é sua métrica para o sucesso? A Atomwise avalia se o resultado do teste levou a um novo medicamento.
- ENTRADA: Quais dados são necessários para o algoritmo preditivo? A Atomwise usa dados sobre as características da doença.
- TREINAMENTO: De quais dados você precisa para treinar o algoritmo? A Atomwise emprega dados sobre a afinidade de ligação de moléculas e proteínas, junto a suas características.
- FEEDBACK: Como você pode usar os resultados para melhorar o algoritmo? A Atomwise usa os resultados do teste, independentemente de seu sucesso, para melhorar as predições futuras.

A proposta de valor da Atomwise concentra-se em uma ferramenta de IA que auxilia seus clientes a descobrir medicamentos. Ela retira a predição das mãos humanas. Para fornecer esse valor, a Atomwise acumulou

FIGURA 13-2

O Canvas da IA para a Atomwise

Predição	Julgamento	Ação	Resultado
Afinidade de ligação	Análise de afinidade de ligação com as proteínas da doença e potenciais efeitos colaterais	Conduzir testes (caro)	Resultados dos testes (testes bem-sucedidos que levem a um novo tratamento)

Entrada	Treinamento	Feedback
Características da proteína	Afinidade de ligação das moléculas e proteínas de estudos anteriores, junto com as moléculas e características da proteína	Novos dados sobre a ligação a partir de suas recomendações

dados exclusivos para prever a afinidade de ligação. O valor da predição está em reduzir o custo e aumentar a probabilidade de sucesso para o desenvolvimento de medicamentos. Os clientes da Atomwise a usam com o próprio julgamento especializado das concessões mútuas para moléculas com diferentes afinidades de ligação aos tipos de proteínas.

Um Canvas de IA para Recrutamento de MBA

O canvas também é útil em grandes organizações. Para aplicá-lo, dividimos o fluxo de trabalho e o usamos para decidir quais candidatos um programa de MBA deve aceitar. A Figura 13-3 exemplifica.

De onde veio o canvas? Primeiro, o recrutamento requer uma predição: quem será um aluno melhor ou de alto valor? Isso parece simples. Precisamos definir o que é "melhor". A estratégia da universidade ajuda nessa identificação. Porém, muitas empresas têm declarações de missão vagas e multifacetadas, que se prestam bem a folhetos de marketing, mas não tanto para determinar o objetivo de predição para uma IA.

FIGURA 13-3

O Canvas de IA para a oferta de vaga de MBA

Predição	Julgamento	Ação	Resultado
Prever se um candidato estará entre os 50 alunos mais influentes 10 anos depois da formatura	Determinar o valor relativo de aceitar os 50 melhores versus o custo de um falso positivo (aceitar um candidato que não esteja entre os 50 mais), versus o custo de um falso negativo (perder um dos 50 mais), versus não identificar um dos 50 mais)	Aceitar candidatos no programa	Ex-alunos mais qualificados, conforme medida de influência global 10 anos depois da formatura

Entrada	Treinamento	Feedback
= Formulários de inscrição = Currículo = Notas no GMAT = Mídia social = Resultado (medida de impacto)	= Formulários de inscrição = Currículo = Notas no GMAT = Mídia social	Atualização com o candidato e resultados de carreira anualmente

Os cursos de administração têm muitas estratégias que definem tácita ou explicitamente o que querem dizer com "melhor". Podem ser simples indicadores, como um maior desempenho em testes padronizados, como o GMAT, ou metas mais amplas, como o recrutamento de alunos que impulsionarão a classificação da instituição em revistas especializadas. As instituições também podem querer alunos que tenham uma combinação de habilidades quantitativas e qualitativas. Ou preferir estudantes internacionais. Ou, ainda, desejar diversidade. Nenhuma instituição pode perseguir todos esses objetivos simultaneamente, e deve fazer sua escolha. Caso contrário, terá que fazer concessões em todas as dimensões e não se destacará em nenhuma.

Na Figura 13-3, imaginamos que a estratégia de nossa instituição é ter maior impacto nos negócios globalmente. Essa noção subjetiva é estratégica na medida em que é global, e não local, e busca o impacto em vez de, digamos, maximizar a renda dos estudantes ou criar riqueza.

Para a IA prever o impacto global nos negócios, precisamos medi-lo. Aqui, assumimos o papel de engenheiro de recompensas. Que dados de treinamento temos que indicam o impacto global nos negócios? Uma opção é identificar os melhores ex-alunos de cada turma — os 50 ex-alunos de cada ano que tiveram maior impacto. A escolha desses ex-alunos é, obviamente, subjetiva, mas não impossível.

Embora possamos definir o impacto global nos negócios como o objetivo, o valor de aceitar um aluno é uma questão de julgamento. Qual é o custo de aceitar um aluno fraco que, equivocadamente, previmos estar entre os melhores ex-alunos? Quão caro é rejeitar alguém que erroneamente previmos que seria fraco? A avaliação dessas concessões mútuas é o "julgamento", um elemento explícito no Canvas da IA.

Após especificarmos o objetivo da predição, identificar os dados de entrada necessários é simples. Precisamos das informações de inscrição dos alunos que chegam, para prever como se sairão. Também podemos usar as mídias sociais. Com o tempo, observaremos os resultados das carreiras de mais alunos e usaremos esse feedback para melhorar as predições. Elas nos dirão quais candidatos aceitar, mas somente após determinarmos nosso objetivo e julgarmos o custo de cometer um erro.

PONTOS PRINCIPAIS

- As tarefas precisam ser decompostas para se entender como as máquinas podem ser inseridas. Isso permite estimar o benefício da predição aprimorada e o custo de gerá-la. Uma vez que tenha gerado estimativas razoáveis, classifique as IAs do maior para o menor ROI, trabalhando de cima para baixo, implementando ferramentas de IA, desde que o ROI esperado se aplique.
- O Canvas da IA ajuda o processo de divisão. Preencha-o para cada decisão ou tarefa. Isso orienta e estrutura o processo, e o força a ser claro sobre os três tipos de dados necessários: treinamento, entrada e feedback. Também exige que você articule precisamente o que precisa prever, o julgamento necessário para estimar o valor relativo de diferentes ações e resultados, as possibilidades de ação e os resultados possíveis.
- No centro do Canvas de IA está a predição. Você precisa identificá-la no núcleo da tarefa, e isso exige um insight de IA. A ação para responder a essa questão geralmente inicia uma discussão existencial entre a equipe de liderança: "Qual é o nosso objetivo real?" A predição exige uma especificidade não encontrada com frequência nas declarações de missão. Para uma instituição de ensino de administração, por exemplo, é fácil dizer que ela não foca recrutar os "melhores" alunos; mas, para especificar a predição, precisamos definir o que "melhor" significa — maior oferta salarial após a graduação? Maior probabilidade de assumir um cargo de CEO dentro de cinco anos? Mais diversidade? Maior probabilidade de dar retornos à instituição após a formatura? Mesmo objetivos aparentemente simples, como a maximização do lucro, não são tão simples quanto aparentam a princípio. Devemos prever a ação a tomar que maximizará o lucro nesta semana, neste trimestre, neste ano ou nesta década? As empresas, muitas vezes, se veem obrigadas a voltar ao básico para se realinhar com seus objetivos e aprimorar sua declaração de missão como um primeiro passo em seu trabalho de estratégia de IA.

14

Redesenhando o Trabalho

Antes do advento da IA e da internet, houve a revolução dos computadores. Eles tornaram a aritmética — especificamente, a soma de muitos itens — barata. Uma de suas primeiras aplicações inovadoras foi facilitar a contabilidade.

O engenheiro de computação Dan Bricklin tinha isso em mente quando, como estudante de MBA, ficou frustrado ao fazer cálculos repetidos para avaliar os diferentes cenários em casos da Harvard Business School. Então, ele escreveu um programa de computador para fazer esses cálculos e o achou tão útil que, junto com Bob Frankston, criou o VisiCalc para o computador Apple II. O VisiCalc foi o primeiro programa revolucionário da era da computação pessoal e a razão pela qual muitas empresas colocaram computadores em seus escritórios.[1] Além de reduzir em 100 vezes o tempo gasto para fazer cálculos, o computador permitiu que as empresas analisassem muitos outros cenários.

As pessoas encarregadas de atividades que envolvem cálculos são chamadas de contadores; no final da década de 1970, havia mais de 400 mil trabalhando nos Estados Unidos. A planilha eliminou a parte mais demorada para eles — a aritmética. Você pode então pensar que os contadores ficariam desempregados. Mas não temos músicas lamentando o trabalho perdido, nem movimentos de contadores contra o uso generalizado da planilha. Por que os contadores não a entenderam como uma ameaça?

Porque, na verdade, o VisiCalc tornou os contadores mais valiosos. Ele tornou o cálculo simples. Era fácil avaliar quanto lucro esperar e, em seguida, como isso mudaria se você alterasse várias premissas. Em vez de obter um único retrato da situação, poderia recalcular reiteradamente diversos cenários considerando uma imagem em movimento de um negócio. Em vez de analisar se um investimento era lucrativo ou não, você poderia comparar vários investimentos sob diferentes predições e escolher o melhor. Mas alguém ainda tinha que julgar quais investimentos testar. Uma planilha era capaz de oferecer respostas com mais facilidade e, no processo, aumentava muito o retorno das perguntas.

As mesmas pessoas que calculavam penosamente as respostas antes da chegada da planilha eram aquelas em melhor posição para fazer as perguntas certas para a planilha computadorizada. Elas não foram substituídas: adquiriram superpoderes.

Esse tipo de cenário — um trabalho que se expande quando as máquinas assumem algumas, mas não todas, as tarefas — provavelmente se tornará bastante comum como consequência natural da implementação de ferramentas de inteligência artificial. As tarefas que compõem um trabalho serão alteradas. Algumas serão removidas quando as máquinas preditivas passarem a executá-las. Algumas serão adicionadas quando as pessoas tiverem mais tempo para elas. E, para muitas tarefas, as habilidades antes essenciais mudarão, e novas habilidades tomarão o seu lugar. Assim como os contadores se tornaram os magos das planilhas, o redesenho de uma ampla gama de trabalhos em decorrência das ferramentas de inteligência artificial será igualmente drástico.

Nosso processo de implementação de ferramentas de inteligência artificial determina qual resultado você deve enfatizar. Envolve avaliar fluxos inteiros de trabalho, estejam eles dentro de um mesmo cargo ou não (ou dentro ou não dos limites departamentais ou organizacionais) e, em seguida, desmembrar o fluxo de trabalho em tarefas e verificar se é possível empregar de forma proveitosa uma máquina preditiva nessas tarefas. Em seguida, você deve reconstituir as tarefas em trabalhos.

Elos Perdidos na Automação

Em alguns casos, o objetivo é automatizar totalmente todas as tarefas associadas a um trabalho. É improvável que as ferramentas de IA sejam um catalisador para isso, porque os fluxos de trabalho passíveis de automação total envolvem uma série de tarefas que não podem ser evitadas (facilmente), mesmo aquelas que inicialmente pareçam pouco qualificadas e sem importância.

No desastre com o ônibus espacial *Challenger*, em 1986, uma peça no propulsor do foguete falhou, um anel de vedação com menos de meia polegada de diâmetro. Essa única falha significou a impossibilidade de o ônibus espacial voar. Ao automatizar totalmente uma tarefa, uma falha em uma única peça pode inviabilizar toda a execução. É preciso considerar cada passo. Essas pequenas tarefas podem ser elos perdidos muito difíceis de automatizar e são capazes de restringir fundamentalmente a reformulação de postos de trabalho. Assim, ferramentas de IA que abordam esses elos perdidos têm um efeito substancial.

Pense no setor de atendimento, que cresceu rapidamente nas últimas duas décadas devido ao rápido crescimento das compras online. O processamento do pedido é um passo central no varejo, em geral, e no comércio eletrônico, em particular. É o processo de receber um pedido e executá-lo, deixando-o pronto para a entrega ao cliente. No comércio eletrônico, o processamento inclui várias etapas, como localizar itens em um grande depósito, retirá-los das prateleiras, escaneá-los para o gerenciamento de inventário, colocá-los no transporte, embalá-los em uma caixa, rotular a caixa e enviá-los para entrega.

Muitas das primeiras aplicações do aprendizado de máquina para atender ao gerenciamento de estoque são: prever quais produtos seriam vendidos, o que não precisa ser comprado novamente por causa da baixa demanda e assim por diante. Essas tarefas de predição bem estabelecidas foram uma parte fundamental do gerenciamento de varejo e de armazéns offline por décadas. As tecnologias de geração de máquinas tornaram essas predições ainda melhores.

Nas duas últimas décadas, uma grande parte do restante do processo de atendimento foi automatizado. Por exemplo, a pesquisa determinou que os funcionários do centro de distribuição passavam mais da metade do tempo andando pelo depósito para encontrar os itens e colocá-los no palete de transporte. Como resultado, várias empresas desenvolveram um processo automatizado para levar as prateleiras até os funcionários, a fim de reduzir o tempo gasto com a caminhada. A Amazon adquiriu a empresa líder nesse mercado, a Kiva, em 2012, por US$775 milhões e, em determinado momento, parou de atender aos clientes dessa empresa. Posteriormente, surgiram outros provedores para suprir a demanda do crescente mercado de centros de atendimento internos e empresas de logística terceirizadas.

Apesar da significativa automação, os centros de atendimento ainda empregam muitos seres humanos. Basicamente, enquanto os robôs são capazes de pegar um objeto e transportá-lo até uma pessoa, alguém ainda precisa fazer a "seleção" — isto é, descobrir o que vai para onde e então pegar o objeto e movê-lo. A última parte é mais desafiadora devido à real dificuldade de selecionar o item. Enquanto os humanos desempenharem esse papel, os armazéns não poderão tirar proveito do potencial da automação, pois o ambiente precisará permanecer adequado para pessoas, com temperatura controlada, espaço para caminhar, uma sala de descanso, banheiros, vigilância contra roubo e assim por diante. Isso é caro.

A permanência da utilização de humanos na execução de pedidos deve-se ao nosso desempenho em relação a identificar, pegar alguma coisa e colocá-la em outro lugar. Até agora, essa tarefa escapou da automação.

Como resultado, a Amazon sozinha emprega 40 mil selecionadores em tempo integral e dezenas de milhares de temporários durante a movimentada temporada de festas de fim de ano. Os selecionadores humanos manipulam aproximadamente 120 itens por hora. Muitas empresas que lidam com alto volume de pedidos gostariam de automatizar a seleção. Nos últimos três anos, a Amazon incentivou as melhores equipes de robótica do mundo a trabalhar no problema de seleção, organizando o Amazon Picking Challenge, focado na coleta automatizada de itens em ambientes de armazém não estruturados. Embora as principais equipes de instituições como o MIT tenham trabalhado no problema, muitas usando equipamentos robóticos de nível industrial avançados da Baxter,

Yaskawa Motoman, Universal Robots, ABB, PR2 e Barrett Arm, até o momento em que escrevemos, o problema ainda não foi resolvido de modo satisfatório para uso industrial.

Os robôs são perfeitamente capazes de montar um carro ou pilotar um avião. Então, por que não podem pegar um objeto em um depósito da Amazon e colocá-lo em uma caixa? A tarefa parece simples em comparação com as anteriores. Os robôs conseguem montar um automóvel porque os componentes são altamente padronizados e o processo, rotinizado. No entanto, um depósito da Amazon tem uma variedade quase infinita de formas, tamanhos, pesos e consistência de itens que são colocados em prateleiras com muitas posições e orientações possíveis para objetos não retangulares. Em outras palavras, o problema de seleção em um depósito é caracterizado por um número infinito de "se", enquanto o processo em uma montadora de automóveis é projetado para ter poucos "se". Assim, a fim de selecionar um item em um ambiente de depósito, os robôs devem ser capazes de "ver" o objeto (analisar a imagem) e prever o ângulo e a pressão corretos para segurar o objeto e não o derrubar ou esmagar. Em outras palavras, a predição está na raiz da compreensão da grande variedade de objetos em um centro de processamento.

A pesquisa sobre o problema de seleção usa aprendizado por reforço para treinar robôs para imitar os humanos. A startup Kindred, de Vancouver — fundada por Suzanne Gildert, Geordie Rose e uma equipe que inclui um de nós (Ajay) —, usa um robô chamado Kindred Sort, um braço com uma mistura de software automatizado e um controlador humano.[2] A automação identifica um objeto e onde ele está, enquanto o humano — usando um fone de realidade virtual — guia o braço do robô para pegar e mover o objeto.

Em sua primeira iteração, o ser humano pode estar em algum lugar distante do depósito e agir como o elo perdido no fluxo de trabalho de atendimento, decidindo o ângulo de aproximação e a pressão da pinça, através da teleoperação do braço robótico. No entanto, a máquina preditiva usada pelo Kindred é treinada em muitas observações de seleção humana via teleoperação para ensinar, em longo prazo, o robô a fazer essa parte sozinho.

Devemos Parar de Treinar Radiologistas?

Em outubro de 2016, em pé diante de um público de 600 pessoas, em nossa conferência anual da CDL sobre inteligência de máquina, Geoffrey Hinton — um pioneiro em redes neurais de aprendizado profundo — declarou: "Devemos parar de treinar radiologistas agora." Uma parte fundamental do trabalho dos radiologistas é ler imagens e detectar a presença de irregularidades que sugerem patologias. Na visão de Hinton, a IA logo identificará melhor objetos patologicamente relevantes em uma imagem do que qualquer ser humano. Desde o início dos anos 1960, os radiologistas temem que as máquinas os substituam.[3] O que torna a tecnologia de hoje diferente?

As técnicas de aprendizado de máquina são cada vez melhores em predizer informações ausentes, incluindo identificação e reconhecimento de itens em imagens. Dado um novo conjunto de imagens, as técnicas podem comparar eficientemente milhões de exemplos passados delas com e sem indicação de doenças e prever se a nova imagem sugere a presença de uma doença. A atividade dos radiologistas consiste nesse tipo de reconhecimento de padrões para prever doenças.[4]

A IBM, com seu sistema Watson, e muitas startups já comercializaram ferramentas de inteligência artificial em radiologia. O Watson pode identificar uma embolia pulmonar e uma ampla gama de outros problemas cardíacos. Uma startup, a Enlitic, usa o aprendizado profundo para detectar nódulos pulmonares (um exercício bastante rotineiro), mas também fraturas (algo mais complexo). Essas novas ferramentas estão no centro da predição de Hinton, mas são assunto para discussão entre radiologistas e patologistas.[5]

O que nossa abordagem sugere sobre o futuro dos radiologistas? Eles gastarão menos tempo lendo as imagens. Com base em entrevistas com médicos de cuidados primários e radiologistas, bem como em nosso conhecimento de princípios econômicos já bem conhecidos, descrevemos vários papéis importantes que permanecem para o especialista humano no contexto de imagens médicas.[6]

Primeiro, e talvez mais obviamente, em curto e médio prazos, um humano ainda precisa avaliar as imagens para pacientes específicos. A geração de imagens é dispendiosa, tanto em relação ao tempo quanto às possíveis consequências para a saúde da exposição à radiação (para algumas tecnologias de imagem). À medida que o custo da imagem cai, a quantidade de imagens aumenta; portanto, é possível que, em curto e possivelmente médio prazos, esse aumento se equilibre com um menor tempo necessário para os humanos avaliarem cada imagem.

Em segundo lugar, há radiologistas diagnósticos e radiologistas intervencionistas. Os avanços na identificação de objetos que mudarão a natureza da radiologia estão na área diagnóstica. A intervencionista usa imagens reais para auxiliar os procedimentos médicos. Por enquanto, isso envolve o julgamento e o desempenho humanos hábeis, que não são afetados pelos avanços da IA, exceto, talvez, em facilitar o trabalho do radiologista intervencionista ao fornecer imagens mais bem identificadas.

Em terceiro lugar, muitos radiologistas se consideram o "médico do médico".[7] Uma parte fundamental de seu trabalho é comunicar o significado das imagens aos médicos da atenção primária. A parte desafiadora é que a interpretação de imagens de radiologia ("estudos", em sua linguagem) é muitas vezes probabilística: "Há 70% de chance de ser a doença X, 20% de chance de não ser doença e 10% de ser a doença Y. No entanto, se daqui a duas semanas esse sintoma aparecer, haverá 99% de chance de doença X e 1% de chance de nenhuma doença." Muitos médicos de cuidados primários não são bem instruídos em estatísticas e lutam para interpretar probabilidades e condições. Os radiologistas ajudam a interpretar os números para que os médicos da atenção primária possam trabalhar com os pacientes para decidir o melhor curso de ação. Com o tempo, a IA fornecerá as probabilidades, mas pelo menos em curto e, possivelmente, médio prazos, o radiologista ainda terá um papel que traduz a produção de IA para o médico da atenção primária.

Em quarto lugar, os radiologistas ajudarão a treinar as máquinas para interpretar imagens de novos dispositivos de imagem à medida que a tecnologia melhorar. Alguns radiologistas famosos, que interpretarão as imagens e ajudarão as máquinas a aprenderem a diagnosticar, terão esse papel. Por meio da IA, esses radiologistas empregarão suas habilidades superiores no diagnóstico para treinar as máquinas. Seus serviços serão altamente valiosos. Em vez de serem pagos pelos pacientes a que atendem, eles podem ser recompensados por cada nova técnica que ensinam a uma IA ou por cada paciente testado com a IA que treinaram.[8]

Como observamos, dois aspectos-chave do trabalho de um radiologista de diagnóstico são: examinar uma imagem e devolver uma avaliação a um médico de atenção primária. Embora muitas vezes essa avaliação seja um diagnóstico (ou seja, "o paciente quase certamente tem pneumonia"), em muitos casos, é negativa (por exemplo, "pneumonia não excluída"), declarada como uma predição para informar o médico da atenção primária sobre o estado provável do paciente para que proponha um tratamento.

As máquinas preditivas reduzirão a incerteza, mas nem sempre a eliminarão. Por exemplo, a máquina pode oferecer a seguinte predição:

> Com base nos dados demográficos e de imagem do Sr. Patel, a massa no fígado tem 66,6% de chance de ser benigna; 33,3% de ser maligna e 0,1% de não ser real.

Se a máquina tivesse uma predição direta — benigna ou não — sem espaço para erros, o que fazer seria óbvio. Nesse ponto, o médico considera se deve pedir um procedimento invasivo, como uma biópsia, para descobrir mais. Solicitar a biópsia é a decisão menos arriscada; sim, é algo caro, mas produz um diagnóstico mais preciso.

Sob esse aspecto, o papel da máquina preditiva é aumentar a confiança de um médico em *não* pedir a biópsia. Tais procedimentos não invasivos são menos onerosos (especialmente para o paciente). A máquina informa aos médicos se o paciente pode evitar um exame invasivo (como a biópsia) e os deixa mais confiantes para se absterem de tratamento e análise posterior. Se a máquina melhorar a predição, menos exames invasivos precisarão ser feitos.

Assim, o quinto e último papel dos especialistas humanos em imagens médicas é decidir realizar um exame invasivo, mesmo quando a máquina sugere uma probabilidade alta o suficiente de que não há problema. O médico pode conhecer a saúde geral do paciente, um possível estresse mental devido ao potencial de falso negativo ou alguns outros dados qualitativos. Essas informações não são facilmente codificadas e disponibilizadas para uma máquina e podem exigir uma conversa entre um radiologista com experiência na interpretação das probabilidades e um médico de atenção primária que entenda as necessidades do paciente. Essas informações podem, inclusive, levar um humano a descartar a recomendação de uma IA de não operar.

Portanto, cinco papéis claros para os seres humanos no uso de imagens médicas permanecerão, pelo menos em curto e médio prazos: escolher as imagens, usá-las em tempo real em procedimentos médicos, interpretar as saídas da máquina, treiná-las em novas tecnologias e empregar julgamentos que ignorem a recomendação da máquina preditiva, talvez com base em informações indisponíveis para ela. O futuro dos radiologistas dependerá de suas novas posturas em assumir esses papéis, se outros especialistas os substituirão ou se novas funções se desenvolverão, como um radiologista que é também patologista (ou seja, um papel em que o radiologista também analisa biópsias, talvez realizadas imediatamente após a imagem).[9]

Mais do que um Motorista

Alguns trabalhos podem continuar a existir, mas exigirão novas habilidades. Automatizar uma tarefa específica destaca outras, que são importantes para um trabalho, mas que antes eram subvalorizadas. Considere um motorista de ônibus escolar. Há a parte "dirigir" da tarefa de levar um ônibus de casas a escolas e vice-versa. Com o advento da direção e dos carros autônomos, o trabalho do motorista do ônibus escolar desaparecerá. Quando os professores da Universidade de Oxford, Carl Frey e Michael Osborne, analisaram os tipos de habilidades necessárias para fazer um trabalho, concluíram que os motoristas de ônibus escolares (em contraste com os de transporte coletivo) tinham 89% de chance de ser automatizados até as próximas duas décadas.[10]

Quando o chamado "motorista de ônibus escolar" não dirige mais os ônibus de ida e volta para as escolas, os governos locais devem começar a gastar o que economizam com esses salários? Mesmo que um ônibus seja autônomo, seu atual motorista faz muito mais do que simplesmente dirigir. Primeiro, ele é o adulto responsável por supervisionar um grande grupo de crianças em idade escolar para protegê-las dos perigos de fora do ônibus. Em segundo lugar, e igualmente importante, ele é o responsável pela disciplina dentro do ônibus. O julgamento de um humano para administrar as crianças e protegê-las umas das outras ainda é necessário. O fato de o ônibus poder dirigir sozinho não elimina essas tarefas adicionais, mas significa que o adulto no ônibus pode prestar mais atenção a essas tarefas.

Então, talvez o conjunto de habilidades do "funcionário formalmente conhecido como motorista de ônibus escolar" mude. Eles podem passar a agir mais como professores do que agem hoje em dia. Mas a principal questão é que a *automação que elimina um ser humano de uma tarefa não necessariamente o elimina completamente do trabalho.* Do ponto de vista dos empregadores, alguém ainda estará fazendo esse trabalho. Do ponto de vista dos funcionários, o risco é de que pode ser outra pessoa.

A automação das tarefas obriga-nos a pensar com mais cuidado sobre o que realmente constitui um trabalho e sobre o que as pessoas realmente fazem. Como motoristas de ônibus escolares, os de caminhões de viagens longas fazem mais do que dirigir. Eles constituem uma das maiores categorias de empregos dos Estados Unidos, que é uma forte candidata à automação. Filmes como *Logan* retratam um futuro próximo, com caminhões que são basicamente contêineres sobre rodas.

Mas nós realmente veremos caminhões se movendo pelo continente sem nenhum humano à vista? Pense nos desafios que se apresentam precisamente porque na maior parte do tempo esses caminhões estarão longe de qualquer supervisão humana. Por exemplo, eles e suas cargas estarão vulneráveis a sequestros e roubos. Esses caminhões podem ser incapazes de operar se uma pessoa estiver em seu caminho e, assim, se tornarão um alvo fácil.

A solução é óbvia: uma pessoa anda junto com o caminhão. Essa tarefa será muito mais fácil do que dirigir e também permitirá que os caminhões dirijam por mais tempo, sem paradas ou interrupções. Um humano provavelmente poderia viajar com um veículo muito maior ou talvez um comboio de veículos ligados.[11] Mas pelo menos um caminhão no comboio ainda terá uma cabine para um humano que protegerá o veículo, lidará com a logística e os relacionamentos envolvidos no carregamento e o descarregamento dos caminhões em cada ponto de destino, e tomará decisões para quaisquer surpresas pelo caminho. Então, não podemos cancelar esses trabalhos ainda. Como os motoristas de caminhão atuais são os mais qualificados e experientes nessas outras tarefas, provavelmente serão os primeiros a ser empregados em uma função reestruturada.

PONTOS PRINCIPAIS

- Um trabalho é uma coleção de tarefas. Ao dividir um fluxo de trabalho e empregar ferramentas de inteligência artificial, algumas tarefas executadas anteriormente por seres humanos podem ser automatizadas, a ordem e a ênfase das tarefas restantes podem mudar, e novas funções podem ser criadas. Assim, a coleção de funções que compõem um trabalho pode mudar.
- A implementação de ferramentas de inteligência artificial gera quatro implicações para os trabalhos:

    1. As ferramentas de IA ampliam funções, como no exemplo de planilhas e contadores.
    2. As ferramentas de inteligência artificial geram empregos, como nos centros de atendimento.
    3. As ferramentas de IA levam à reconstituição de tarefas, com algumas tarefas adicionadas e outras removidas, como no caso dos radiologistas.
    4. As ferramentas de IA mudam a ênfase nas habilidades específicas necessárias para um determinado trabalho, como acontece com os motoristas de ônibus escolares.

- As ferramentas de IA alteram os retornos relativos para certas habilidades e, assim, requerem pessoas adequadas para determinados trabalhos. No caso dos contadores, a chegada da planilha diminuiu o retorno de realizar muitos cálculos rapidamente em uma calculadora. Ao mesmo tempo, aumentou o retorno da eficácia em se fazer as perguntas certas, a fim de aproveitar plenamente a capacidade da tecnologia para executar eficientemente as análises de cenários.

PARTE 4

Estratégia

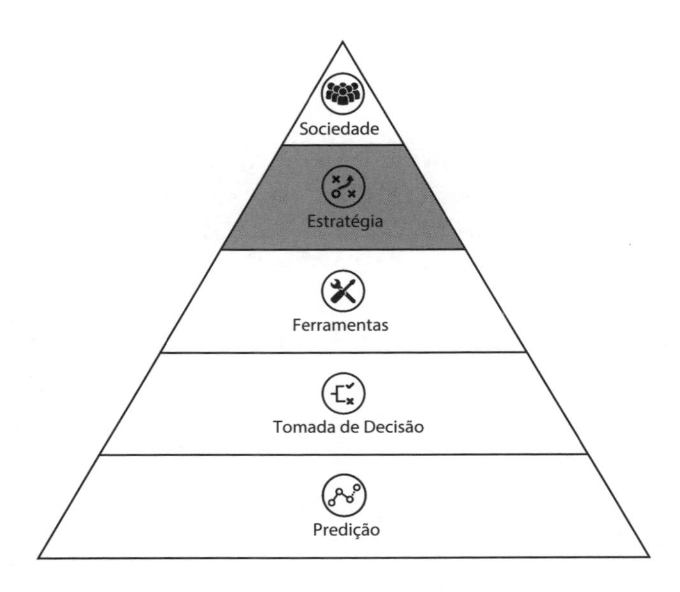

15

A IA e a Esfera Executiva

Em janeiro de 2007, quando Steve Jobs subiu ao palco e apresentou o iPhone ao mundo, nem um único espectador reagiu dizendo: "Ora, será o fim dos táxis." Mas avancemos para 2018 e isso parece ser exatamente o que aconteceu. Durante a última década, os smartphones evoluíram de um mero telefone mais inteligente para uma plataforma indispensável de ferramentas que causam disrupção e alteram fundamentalmente os modos de atuação de todos os setores. Até mesmo Andy Grove, autor da famosa brincadeira "apenas os paranoicos sobrevivem", teria que admitir que era preciso ser muito paranoico para ter previsto até onde o smartphone chegaria em algumas atividades tradicionais.

Os recentes desenvolvimentos em IA e aprendizado de máquina convenceram-nos de que essa inovação se assemelha às grandes tecnologias transformadoras do passado: eletricidade, carros, plásticos, microchips, internet e smartphones. Com base na história econômica, sabemos como essas tecnologias de propósito geral se difundem e se transformam. Também percebemos como é difícil prever quando, onde e como as mudanças mais disruptivas ocorrerão. Ao mesmo tempo, aprendemos o que procurar, a ser de vanguarda e a identificar quando uma nova tecnologia pode passar de algo interessante para algo transformador.

Quando a IA deve passar a integrar os planos da equipe de liderança de sua organização? Embora os cálculos de ROI influenciem as mudanças operacionais, as decisões estratégicas impõem dilemas e obrigam os líderes a lidar com a incerteza. A adoção da IA em uma parte da organização pode exigir mudanças em outra. Para efeitos intraorganizacionais, a adoção e outras decisões requerem a autoridade de alguém que supervisione todo o negócio; a saber, o CEO.

Dessa forma, quando a IA se enquadra nessa categoria? Quando uma queda no custo da predição for suficiente para mudar a estratégia? E qual dilema é provável que um CEO enfrente se isso acontecer?

Como a IA Muda a Estratégia de Negócios

No Capítulo 2, pressupomos que, uma vez que o "botão" da máquina preditiva estivesse ativado do modo ideal, empresas como a Amazon ficariam tão confiantes sobre o que determinados clientes querem que seu modelo de negócios mudaria. De um modelo de compra e envio, ele se alteraria para envio e compra, remetendo itens para os clientes que anteciipariam seus desejos. Esse cenário ilustra perfeitamente três ingredientes que, juntos, fazem com que o investimento nessa ferramenta de IA chegue ao nível de uma decisão estratégica, e não operacional.

Primeiro, um dilema, ou concessão, estratégico deve existir. Para a Amazon, é que o "envio depois compra" pode gerar mais vendas; mas, também, resultar em mais devoluções. Quando o custo de devolução é muito alto, o ROI de envio e compra é menor do que o da abordagem clássica de compra e envio. Isso explica por que, sem uma transformação tecnológica, o modelo de negócios da Amazon, como o de todos os outros varejistas, permanece o de compra e depois envio, e não o contrário.

Em segundo lugar, o problema é resolvido ao se reduzir a incerteza. Para a Amazon, ele se relaciona à demanda do consumidor. Se você conseguir prever com precisão o que as pessoas comprarão, especialmente se o item for entregue à sua porta, reduzirá a probabilidade de devoluções e aumentará as vendas. A redução da incerteza atinge os dois lados do dilema, o custo e o benefício.

Essa gestão da demanda não é nova. Ela é uma das razões para existirem lojas físicas, que não são capazes de prever a demanda individual dos clientes, mas preveem a demanda provável de um grupo deles. Agrupando os clientes que as visitam, as lojas físicas cobrem a incerteza da demanda individual. A mudança para um modelo de envio depois compra para residências exige mais informações sobre a demanda individual dos clientes, o que superaria a vantagem competitiva das lojas físicas.

Terceiro, as empresas precisam de uma máquina preditiva que reduza a incerteza até equilibrar o dilema estratégico. Para a Amazon, uma noção muito precisa da demanda dos clientes pode fazer com que o modelo de negócio de envio depois compra valha a pena. No caso, os benefícios do aumento das vendas superariam os custos das devoluções.

Agora, se a Amazon implementasse esse modelo, teria que fazer mais mudanças em seus negócios. Isso incluiria, por exemplo, investimentos para reduzir o custo do seguro dos pacotes deixados para os serviços de coleta e do transporte para recolher as devoluções. Embora o mercado de entrega amigável ao cliente seja competitivo, os serviços de devolução de produtos são um mercado muito menos desenvolvido. A própria Amazon pode estabelecer uma infraestrutura de caminhões que visitem os bairros diariamente para entregas e devoluções, integrando verticalmente o negócio de devolução diária de produtos. Efetivamente, a Amazon levaria a fronteira de seus negócios até a porta da casa do cliente.

Essa mudança de limite já está ocorrendo. Um exemplo é o empreendimento alemão de e-commerce Otto.[1] Uma grande barreira para que os consumidores comprem pela internet, e não em uma loja física, é o tempo de entrega incerto. Se os consumidores tiverem uma experiência de entrega ruim, é improvável que retornem a um site. O Otto descobriu que, quando as entregas atrasavam (isto é, demoravam mais do que alguns dias), as devoluções disparavam. Os consumidores inevitavelmente acabam indo comprar o produto em uma loja física no meio-tempo. Mesmo quando Otto conseguiu vender, as devoluções aumentaram seus custos.

Como você reduz o tempo para entregar produtos aos consumidores? Antecipe o que é provável que eles peçam e tenha em estoque em um centro de distribuição próximo. Mas esse gerenciamento de estoque é caro. Em vez disso, é melhor manter apenas os itens de que provavelmente precisará. Para isso você precisa de uma melhor predição da demanda do consumidor. O Otto, com um banco de dados de 3 bilhões de transações feitas e centenas de outras variáveis (incluindo termos de pesquisa e dados demográficos), conseguiu criar uma máquina para lidar com a predição. Agora, ele é capaz de predizer com 90% de precisão quais produtos serão vendidos em um mês. E, com base nessas predições, sua logística foi reformulada. Seu estoque diminuiu 20%, e as devoluções tiveram uma redução de 2 milhões de itens. A predição aperfeiçoou a logística, que por sua vez reduziu os custos e aumentou a satisfação do consumidor.

Mais uma vez, vemos três ingredientes de importância estratégica. O Otto tinha um dilema (reduzir os prazos de entrega sem manter estoques caros), a incerteza guiou o dilema (a demanda geral dos clientes de um local) e, ao resolver essa incerteza (predizer melhor a demanda local), foi possível estabelecer uma nova logística, exigindo novos locais de depósito, envio local e garantias de entrega. Ele não conseguiria atender a tudo isso sem usar uma máquina preditiva para resolver a incerteza.

Oh, Alabama Querido?

Para que uma máquina preditiva mude sua estratégia, alguém tem que criar uma que seja útil para seu caso específico. Isso depende de várias coisas que estão fora do controle de sua organização.

Vejamos os fatores que podem tornar a tecnologia de predição disponível para sua empresa. Para fazer isso, vamos viajar para os campos de milho de Iowa, na década de 1930. Lá, alguns fazendeiros pioneiros adotaram uma nova forma de milho desenvolvida através de cruzamento extensivo por quase duas décadas. Esse milho híbrido era mais especializado que o milho comercial comum. É necessário cruzar duas linhagens endogâmicas de milho para melhorar suas propriedades, como a resistência à seca e a produção específica na região. O milho híbrido causou uma mudança crítica não só por prometer uma produção drasticamente maior, mas também por tornar o agricultor dependente de terceiros para obter as sementes especiais. As novas sementes precisavam ser adaptadas às condições locais para alcançar todos os benefícios.

FIGURA 15-1

A difusão do milho híbrido

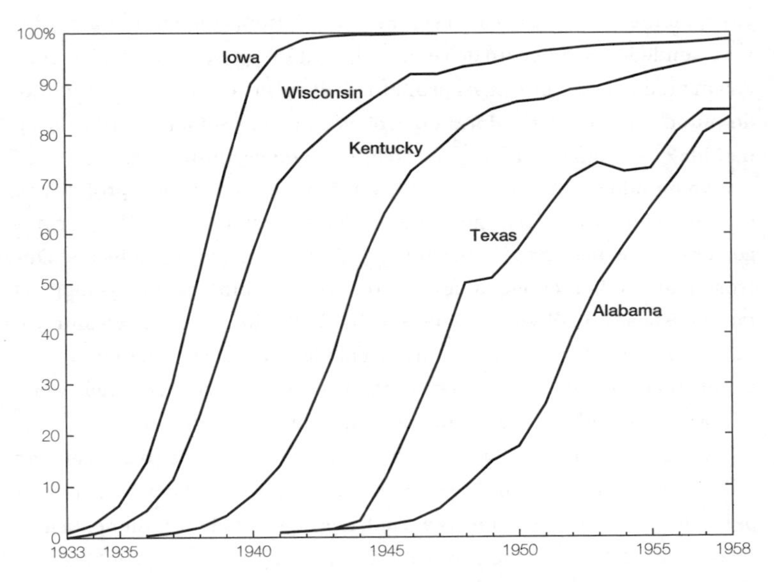

Fonte: De Zvi Griliches, "Hybrid Corn and the Economics of Innovation", *Science* 132, nº. 3422 (Julho, 1960): 275–280. Reproduzido com a permissão da AAA.

Como mostrado na Figura 15-1, os agricultores do Alabama pareciam atrasados em relação aos de Iowa. Mas quando o economista de Harvard, Zvi Griliches, analisou atentamente os números, descobriu que essa defasagem de 20 anos não ocorria por uma lentidão dos produtores do Alabama, mas porque o ROI do milho híbrido não justificava sua adoção no Alabama em 1930.[2] As fazendas do Alabama eram menores, com margens de lucro muito baixas comparadas às do norte e do oeste. Por outro lado, os fazendeiros de Iowa plantavam as sementes com sucesso em suas fazendas, que eram maiores, e obtinham vantagens, o que compensava os custos mais altos das sementes. Uma fazenda grande facilitava a experimentação com as variedades híbridas, porque o agricultor separava apenas uma pequena parte da propriedade até que as novas variedades vingassem.[3] Os riscos dos fazendeiros de Iowa eram menores, e eles tinham margens mais saudáveis para funcionar como uma reserva. Uma vez que um número suficiente de agricultores de uma área adotou as novas sementes, os mercados do setor se ampliaram, com mais compradores e vendedores, e o custo de venda caiu, então os riscos de adoção reduziram ainda mais. Por fim, os produtores de milho dos Estados Unidos (e do mundo todo) foram adotando cada vez mais as sementes híbridas, à medida que os custos caíam e os riscos percebidos diminuíam.

No mundo da IA, o Google é o Iowa. Ele tem mais de mil projetos de desenvolvimento de ferramentas de IA em andamento em todas as categorias de seus negócios, de pesquisa a anúncios, mapas e tradução.[4] Outros gigantes da tecnologia de todo o mundo se juntaram ao Google. O motivo é bastante óbvio: Google, Facebook, Baidu, Alibaba, Salesforce e outros já têm as ferramentas como atividade. Eles têm tarefas claramente definidas que se estendem por todas as suas empresas e, em cada uma, a IA às vezes melhora drasticamente um elemento preditivo.

Essas corporações enormes têm grandes margens de lucro; isso faz com que possam se dar ao luxo de experimentar. Elas podem dedicar uma parte da "terra" a muitas novas variedades de IA. Podem colher enormes recompensas de experimentos bem-sucedidos aplicando-os em uma ampla gama de produtos que operam em larga escala.

Para muitos outros negócios, o caminho para a inteligência artificial é menos claro. Ao contrário do Google, muitos não fizeram investimentos de duas décadas na digitação de todos os aspectos de seu fluxo de trabalho e não têm uma noção clara do que desejam prever. Mas, uma vez que uma empresa estabeleça estratégias bem definidas, pode desenvolver esses ingredientes, estabelecendo as bases para uma IA eficaz.

Quando as condições eram ideais, os produtores de milho de Wisconsin, Kentucky, Texas e Alabama seguiam seus colegas de Iowa na adoção do milho híbrido. Os benefícios quanto à demanda eram altos o suficiente e os custos quanto à oferta caíram. Da mesma forma, os custos e riscos associados à IA cairão com o tempo, de modo que muitas empresas que não estão à frente do desenvolvimento de ferramentas digitais a adotarão. Ao fazer isso, a demanda as impulsionará: a oportunidade de resolver dilemas em seus modelos de negócios através da redução da incerteza.

Combinando Jogadores de Beisebol

A estratégia do *Moneyball*, de Billy Beane — que usa a predição estatística para superar os preconceitos dos olheiros humanos e melhorar o prognóstico — é um exemplo prático que reduziu a incerteza e melhorou o desempenho do Oakland Athletics. Ela foi uma mudança estratégica que exigiu a alteração das hierarquias implícita e explícita da organização.

A melhor predição mudou quem a equipe contratava para entrar no campo, mas o funcionamento do time de beisebol em si não mudou. Os jogadores que a máquina preditiva selecionou jogavam da mesma maneira que aqueles que ela substituiu, talvez com mais pontos gerados. E os olheiros continuaram a ter um papel na seleção de jogadores.[5]

A mudança mais fundamental ocorreu com quem a equipe contratou fora do campo e a reestruturação resultante do organograma. Mais importante, a equipe contratou pessoas capazes de dizer às máquinas o que predizer, e então usar essas predições para determinar quais jogadores adquirir (mais notavelmente, Paul DePodesta, bem como outros cujas contribuições foram combinadas no personagem "Peter Brand", interpretado por Jonah Hill no filme). A equipe também criou uma nova função, chamada de "analista sabermétrico". Sua tarefa era desenvolver medidas para as recompensas que a equipe receberia pela contratação de diferentes jogadores. Eles são engenheiros de função de recompensa do beisebol. Agora, a maioria das equipes tem pelo menos um desses analistas, e o papel apareceu, com diferentes nomes, em outros esportes.

A melhor predição criou uma posição de alto nível no organograma. Cientistas pesquisadores, cientistas de dados e vice-presidentes de análise de dados são listados como papéis-chave nos diretórios online de vagas. O Houston Astros tem uma unidade separada de ciências da decisão, liderada pelo engenheiro da NASA Sig Mejdal. A mudança estratégica também interfere em quem a equipe emprega para escolher os jogadores. Esses especialistas têm habilidades matemáticas, e os melhores deles sabem como orientar a máquina preditiva. Eles fornecem julgamento.

Voltando à economia simples, subjacente aos argumentos deste livro, predição e julgamento são complementos. À medida que o uso da predição aumenta, o valor do julgamento, também. As equipes cada vez mais contratam conselheiros seniores que às vezes nem têm experiência prévia em jogos e que — de acordo com o estereótipo — não são a escolha óbvia para o mundo dos esportes profissionais. No entanto, até os nerds recrutados nesse cenário precisam de um profundo entendimento do jogo, porque o uso de máquinas preditivas na gestão esportiva significa um aumento no valor das pessoas capazes de oferecer *julgamento* para decidir os dilemas, portanto, o julgamento para decidir com base nas predições.

Boas Escolhas Exigem Novos Julgamentos

A mudança na gestão da equipe de beisebol destaca outra questão importante para os líderes executivos na implementação de escolhas estratégicas em relação à IA. Antes da sabermétrica, o julgamento dos olheiros limitava-se aos prós e contras de jogadores individuais. Mas o uso de medidas quantitativas possibilitou prever como *grupos* jogariam juntos. O julgamento deixou de considerar o retorno de um determinado jogador para considerar o retorno de uma determinada equipe. A melhor predição agora permite ao técnico tomar decisões focadas no objetivo da organização: determinar a melhor equipe, não os melhores jogadores individualmente.

Para tirar o máximo proveito das máquinas preditivas, você precisa repensar as funções de recompensa em toda a sua organização para melhor se alinhar a suas metas reais. Essa tarefa não é fácil. Além do recrutamento, o marketing da equipe precisa mudar, talvez para deixar de enfatizar o desempenho individual. Da mesma forma, os treinadores precisam entender as razões para o recrutamento de jogadores isolados e as implicações para a composição da equipe em cada jogo. Finalmente, até os jogadores precisam entender como seus papéis mudam em função de novas ferramentas preditivas adotadas por seus oponentes.

Vantagens que Você Já Pode Ter

A estratégia também está relacionada à captura de valor — ou seja, quem perceberá o valor criado por uma melhor predição?

Os executivos costumam afirmar que, como as máquinas preditivas precisam de dados, eles são um ativo estratégico. Ou seja, se você tiver muitos anos de dados sobre, digamos, vendas de iogurte, então, a fim de predizer as vendas de iogurte usando uma máquina preditiva, alguém precisará desses dados. E daí decorre seu valor para quem os detém. É como ter um reservatório de petróleo.

Essa presunção desmente uma questão importante — como o petróleo, os dados têm tipos diferentes. Destacamos três — dados de treinamento, de entrada e de feedback. Os dados de treinamento são usados para construir uma máquina preditiva. Os de entrada, para fornecer predições. E os de feedback, para aprimorá-las. Somente os dois últimos tipos são necessários para uso futuro. Os dados de treinamento são usados no começo, apenas para treinar um algoritmo; mas, depois que a máquina preditiva começa a rodar, tornam-se inúteis. É como se fossem consumidos. Seus dados sobre vendas de iogurte perdem o valor depois que você tem uma máquina preditiva construída com base neles.[6] Em outras palavras, são valiosos hoje, mas não são uma fonte de valor contínuo. Para isso, você precisa gerar novos dados — de entrada ou de feedback — ou conseguir outra vantagem. Vamos explorar as vantagens de gerar novos dados no próximo capítulo e focar outras agora.

Dan Bricklin, o inventor da planilha eletrônica, criou um enorme valor, mas ele não é uma pessoa rica. Para onde foi o valor da planilha? Nos rankings de riqueza, imitadores, como o fundador do Lotus 1-2-3, Mitch Kapor, ou Bill Gates, da Microsoft, certamente superaram Bricklin, mas mesmo eles só foram capazes de se apropriar de uma pequena fração do valor da planilha. Em vez disso, o valor foi para os usuários, para as empresas que as implementaram para gerar bilhões de decisões melhores. Não importa o que a Lotus ou a Microsoft fizessem, seus usuários possuíam as decisões que as planilhas estavam aprimorando.

Como eles operam no nível de decisão, o mesmo se aplica às máquinas preditivas. Imagine usos de IA para gerir estoques de uma cadeia de supermercados. Saber quando o iogurte será vendido ajuda a saber quando você deve estocá-lo e minimiza a quantidade de iogurte não vendido para descarte. Um inovador de IA que ofereça máquinas preditivas para a demanda de iogurte poderia se dar bem, mas teria que lidar com uma cadeia de supermercados para conseguir criar valor. Apenas a cadeia de supermercados pode executar a ação de estocar iogurte ou não. E sem essa ação a máquina de preditiva para a demanda de iogurte não tem valor.

Muitas empresas continuarão a tomar medidas com ou sem a IA. Elas terão uma vantagem em captar um pouco do valor que advém da adoção da IA. Essa vantagem não significa que as empresas que executarão as ações capturarão todo o valor.

Antes de vender sua planilha, Bricklin e seu sócio, Bob Frankston, imaginaram se deveriam guardá-la para si. Eles poderiam, então, vender suas habilidades de modelagem e, como resultado, captar o valor criado por suas percepções. Eles abandonaram esse plano — provavelmente por um bom motivo —, mas na IA essa estratégia funciona. Os fornecedores de IA podem reinventar os cenários tradicionais.

Os veículos autônomos são um exemplo, até certo ponto. Enquanto algumas montadoras tradicionais investem agressivamente nas próprias capacidades, outras fecham parcerias com pessoas de fora do setor (como a Waymo, da Alphabet), em vez de desenvolver esses recursos internamente. Em outros casos, grandes empresas de tecnologia iniciam projetos com as montadoras tradicionais. Por exemplo, o Baidu, operador do maior mecanismo de busca da China, lidera uma grande e diversificada iniciativa aberta de veículos autônomos, o Projeto Apollo, com várias dezenas de parceiros, incluindo a Daimler e a Ford. Além disso, a Tencent Holdings, proprietária do WeChat, que tem quase um bilhão de contas mensais de usuários ativos, lidera uma parceria de veículos autônomos que inclui organizações de destaque, como o Beijing Automotive Group. Chen Juhong, vice-presidente da Tencent, comentou: "A Tencent espera criar uma iniciativa geral para reforçar o desenvolvimento de tecnologias de IA usadas em veículos autônomos... Queremos ser a 'conexão' que acelera a cooperação, a inovação e a convergência do setor..."[7] Refletindo sobre as pressões competitivas que impulsionam a colaboração, o presidente do Beijing Automotive, Xu Heyi, declarou: "Nesta nova era, somente aqueles que se conectarem com outras empresas para construir a próxima geração de carros sobreviverão, enquanto aqueles que se trancarem em uma sala morrerão."[8] Integrantes relativamente novos (como a

Tesla) competem com os já estabelecidos, implantando diretamente a IA em carros novos, que integram fortemente software e hardware. Empresas como a Uber usam a IA para desenvolver autonomia, com a esperança de tirar até mesmo as decisões de direção das mãos dos consumidores. Nesse setor, a corrida pela captura de valor não respeita os limites dos negócios tradicionais. Em vez disso, desafia a propriedade de ações que poderiam se transformar em uma vantagem.

A Economia Simples da Estratégia de IA

As mudanças que destacamos dependem de dois aspectos diferentes do impacto da IA na essência de nossa estrutura econômica.

Primeiro, como no modelo de envio e compra da Amazon, as máquinas reduzem a incerteza. À medida que a IA avançar, nós a usaremos para reduzir a incerteza de forma mais ampla. Assim, dilemas estratégicos impulsionados pela incerteza evoluirão com a IA. À medida que seu custo cai, as máquinas preditivas resolvem mais dilemas estratégicos.

Segundo, a IA aumentará o valor dos complementos para a predição. O julgamento de um analista de beisebol, as ações de um varejista de mercearia e — como mostraremos no Capítulo 17 — os dados de uma máquina preditiva tornam-se tão importantes que você pode precisar mudar sua estratégia para aproveitar o que ela tem a oferecer.

PONTOS PRINCIPAIS

- Os líderes da esfera executiva não devem delegar totalmente a estratégia de IA ao departamento de TI, pois suas poderosas ferramentas vão além de aumentar a produtividade das tarefas executadas dentro da estratégia da organização e levam à mudança da própria estratégia. A IA resulta em mudanças estratégicas se três fatores estiverem presentes: (1) houver um dilema principal no modelo de negócios (por exemplo, compra depois envio versus envio depois compra); (2) o dilema for influenciado pela incerteza (por exemplo, as vendas mais altas pelo sistema envio depois compra são superadas pelos custos dos itens devolvidos devido à incerteza sobre o que os clientes comprarão); (3) uma ferramenta de IA que reduz a incerteza inclina a balança do dilema de modo que a estratégia ideal muda de um lado para o outro (por exemplo, uma IA que reduza a incerteza prevendo o que um cliente comprará inclina a balança de tal forma que os retornos de um modelo de envio depois compra superam os do modelo tradicional).

- Outra razão pela qual a liderança da esfera executiva é necessária para a estratégia de IA é que a implementação de ferramentas de inteligência artificial em uma parte do negócio afeta outras. Na experiência da Amazon, um efeito colateral da transição para o modelo de envio e compra é a integração vertical no negócio de coleta de itens devolvidos, talvez com uma frota de caminhões que façam captações semanais em todo o bairro. Em outras palavras, poderosas ferramentas de IA resultam em um significativo redesenho dos fluxos de trabalho e dos limites da empresa.

- As máquinas preditivas aumentarão o valor dos complementos, incluindo julgamento, ações e dados. O valor crescente do julgamento leva a mudanças na hierarquia organizacional — pode haver retornos mais altos para colocar papéis diferentes ou pessoas diferentes em posições de poder. Além disso, as máquinas preditivas permitem que os gerentes se movam além de otimizar componentes individuais para otimizar metas de nível mais alto e, assim, tomem decisões mais próximas dos objetivos da organização. Possuir as ações afetadas pela predição é uma fonte de vantagem competitiva que permite às empresas tradicionais capturarem parte do valor da IA. No entanto, em alguns casos, em que as poderosas ferramentas de inteligência artificial oferecem uma vantagem competitiva significativa, os novos participantes podem se integrar verticalmente à responsabilidade da ação e alavancar sua inteligência artificial como base para a concorrência.

16

Quando a IA Transforma Seu Negócio

Joshua (um dos autores) perguntou recentemente a uma empresa novata de aprendizado de máquina: "Por que vocês fornecem diagnósticos para médicos?" A empresa estava construindo uma ferramenta de IA para indicar aos médicos se determinadas patologias existiam ou não. Uma saída binária. Um diagnóstico. O problema era que isso exigia aprovação regulatória, o que acarretava testes dispendiosos. Para administrá-los, a empresa estava considerando se deveria fazer parceria com uma empresa farmacêutica ou de equipamentos médicos já estabelecida.

A pergunta de Joshua era de cunho estratégico, e não médico. Por que a empresa precisava dar o diagnóstico? Ela não poderia apenas fornecer a predição? Ou seja, a ferramenta analisaria os dados e informaria: "Há uma chance de 80% de o paciente ter a patologia." O médico, então, exploraria precisamente o que levou a essa conclusão e daria o diagnóstico — isto é, o resultado binário "presente ou não". A empresa poderia deixar uma parte da tarefa para o cliente (no caso, o médico).

Joshua sugeriu que a empresa se concentrasse na predição, e não no diagnóstico. Ela seria o limite de sua atividade. Isso evitava a necessidade de aprovação regulatória, porque os médicos têm muitas ferramentas para chegar a uma conclusão diagnóstica. A empresa não precisaria se associar a outras. E, o mais importante, não teria mais que pesquisar e descobrir exatamente como traduzir a predição em diagnóstico. Tudo o que precisaria deduzir seria o limiar de precisão necessária para fornecer uma predição valiosa. Seriam 70%, 80% ou 99%?

Onde sua atividade termina e a de outra pessoa começa? Onde exatamente estão os limites de sua empresa? Essa decisão de longo prazo requer atenção cuidadosa da alta gerência. Além disso, inovações de propósito geral levam a novas configurações dos limites de uma empresa. Certas ferramentas de IA provavelmente transformarão os limites do seu negócio. As máquinas preditivas vão mudar a maneira como as empresas pensam em tudo, dos bens de capital aos dados e pessoas.

O que Deixar e o que Eliminar

A incerteza impacta os limites de uma empresa.[1] Os economistas Silke Forbes e Mara Lederman analisaram a organização do setor de aviação dos EUA na virada do milênio.[2] Grandes linhas aéreas, como a United e a American, cuidavam de algumas rotas, enquanto parceiras locais, como a American Eagle e a SkyWest, de outras. Essas parceiras eram empresas independentes que tinham acordos contratuais com as principais. Independentemente de outras considerações, as linhas aéreas locais costumam operar a um custo menor do que as outras, economizando dinheiro em salários e com condições de trabalho menos benéficas. Alguns estudos mostraram que os pilotos seniores das principais empresas recebiam uma remuneração 80% maior do que os de suas parceiras.

O enigma é por que as grandes empresas, e não as regionais, lidam com mais rotas, já que para as parceiras o custo do serviço é menor. A Forbes e a Lederman identificaram um fator determinante — o clima — ou melhor, a *incerteza* sobre ele. Quando ocorre um evento climático atípico, os voos atrasam, o que, no setor de linhas aéreas, interconectado e gerido por capacidade, tem um efeito cascata em todo o sistema. Quando o clima piora, as grandes companhias não querem ser prejudicadas por parceiras analisando contratos para fazer mudanças rápidas com custos incertos. Assim, as grandes companhias retêm o controle e a operação de rotas em que atrasos decorrentes do clima são prováveis.

Os três ingredientes que destacamos no capítulo anterior sugerem que a IA leva a mudanças estratégicas. Primeiro, o dilema principal é ter menos custos e maior controle. Segundo, esse dilema é mediado pela incerteza; especificamente, as recompensas do controle aumentam com o nível de incerteza. As grandes companhias aéreas equilibram menor custo e maior controle, otimizando os limites das próprias atividades em relação às de suas parceiras. Se uma máquina preditiva pudesse superar essa incerteza, o terceiro ingrediente estaria presente e o equilíbrio mudaria. As companhias aéreas contratariam mais as parceiras.

Empresas que se dedicam às inovações contínuas, especialmente as que envolvem aprender com a experiência, criam um padrão semelhante. Novos modelos de automóveis são lançados aproximadamente a cada cinco anos e, por envolver especificações detalhadas de peças e trabalhos de design, as montadoras precisam saber de onde as peças chegam, antes do lançamento. Elas as fabricam ou terceirizam? Durante o longo processo de desenvolvimento, uma montadora tem um conhecimento limitado de como será a performance de um novo modelo. Algumas informações só podem ser coletadas após o lançamento, como comentários de clientes e outras medidas de desempenho em longo prazo. Essa é uma das principais razões pelas quais os modelos têm atualizações anuais que não envolvem grandes mudanças no projeto do carro, mas oferecem melhorias em componentes, resolvendo problemas e melhorando o produto.

Os economistas Sharon Novak e Scott Stern descobriram que os fabricantes de automóveis de luxo que produziam as próprias peças se aprimoravam mais rapidamente a cada ano.[3] Eles avaliaram as melhorias do ponto de vista do cliente, com classificações de *Relatórios de Consumidor*. Deter o controle significava se adaptar mais prontamente ao feedback dos clientes. Por outro lado, aqueles que terceirizavam as peças não apresentaram a mesma melhoria, mas receberam um benefício diferente; seus primeiros modelos eram de qualidade superior aos das montadoras que fabricavam as próprias peças. Os novos modelos de fabricantes de automóveis que terceirizaram as peças melhoravam desde o início, porque os fornecedores faziam peças melhores. Assim, as montadoras devem escolher terceirizar ou fabricar suas peças para colher melhorias futuras, pois controlam a inovação dentro do ciclo de vida de seu modelo de produto. Mais uma vez, uma máquina preditiva que reduza a incerteza sobre as necessidades do cliente muda a estratégia.

Em cada caso, o dilema entre desempenho de curto e longo prazo, e eventos de rotina versus não rotineiros, resolve-se por uma escolha organizacional-chave: depender de terceiros. Mas a relevância dessa escolha se relaciona intimamente à incerteza. Quão importante é o clima, para o qual as companhias aéreas não conseguem se planejar antecipadamente? Como o veículo se adéqua ao que os clientes realmente desejam?

Impacto da IA: Capital

Se houver uma IA para reduzir a incerteza, então temos o terceiro ingrediente. A predição é tão barata que minimiza a incerteza a ponto de mudar o dilema estratégico. Como isso afetará a atividade das companhias aéreas e montadoras? A IA possibilita às máquinas operarem em ambientes complexos. Ela aumenta os "se" confiáveis, o que reduz a necessidade de as empresas possuírem os próprios bens de capital por dois motivos.

Primeiro, mais "se" possibilitam às empresas redigir contratos mais específicos, voltados a situações atípicas. Suponha que a IA permita às companhias aéreas não apenas prever eventos climáticos, mas gerar predições sobre como lidar melhor com as suspensões decorrentes do clima. Isso aumentaria os retornos das principais companhias aéreas, pois seus contratos seriam mais específicos quanto às contingências. Elas definiriam mais "se" nos contratos. Assim, em vez de controlar as rotas aéreas por meio da propriedade, teriam o poder preditivo de redigir contratos com companhias aéreas regionais independentes, o que as faria aproveitar os custos mais baixos dessas fornecedoras. Elas precisariam de menos bens de capital (como aviões), porque poderiam terceirizar mais voos para as companhias menores.

Segundo, a predição orientada por IA — voltada para a satisfação do consumidor — permitiria às montadoras projetar produtos com mais confiança, levando à alta performance e satisfação do consumidor sem a consequente necessidade de extensos ajustes do modelo intermediário. Assim, as montadoras poderiam selecionar as melhores peças do mundo para seus modelos de fornecedores independentes, confirmando que uma predição superior antecipada elimina a necessidade de renegociações contratuais dispendiosas. As montadoras teriam menor necessidade de possuir fábricas de peças. De maneira mais geral, a predição nos dá muito mais "se" que podemos usar para especificar claramente os "então".

Essa avaliação trata a complexidade das redes de companhias aéreas e produtos automotivos como definitiva. Pode ser que a predição inicial dê às companhias aéreas e às montadoras a confiança para permitir arranjos e produtos mais complexos. Não está claro qual seria o impacto na terceirização, uma vez que uma melhor predição a aumenta, enquanto mais complexidade tende a reduzi-la. É difícil definir nesse estágio qual desses fatores domina. Podemos dizer que, embora novos processos complexos viáveis possam ser feitos internamente, muitos dos mais simples, anteriormente executados *in loco*, serão terceirizados.

Impacto da IA: Trabalho

Os bancos lançaram os caixas eletrônicos, desenvolvidos durante a década de 1970 e difundidos em 1980. Essa tecnologia, que visava a redução de mão de obra, foi criada para automatizar caixas de banco.

De acordo com o Bureau of Labor Statistics, os caixas humanos não perderam seus empregos com a automação (veja a Figura 16-1). No entanto, foram realocados para outras tarefas. Eles acabaram se tornando agentes de marketing e atendimento ao cliente para produtos bancários, além de coletar e distribuir dinheiro. As máquinas lidavam com isso com mais segurança que os humanos. Uma das razões pelas quais os bancos não queriam abrir mais agências era justamente por causa da questão da segurança e do custo humano de gastar tempo em algo tão transacional quanto serviços de caixa. Livres dessas restrições, agências de todo tipo se proliferaram (43% a mais em áreas urbanas) e, com elas, uma equipe chamada, de forma referencial, de "caixas".

FIGURA 16-1

Caixas de banco e caixas eletrônicos ao longo do tempo

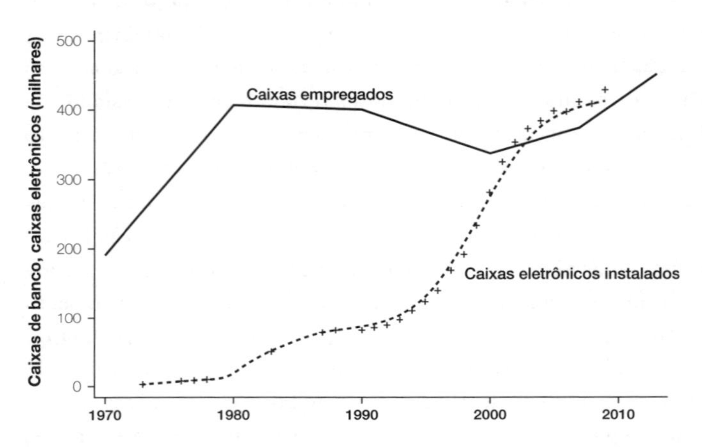

Fonte: Cortesia de James E. Bessen, "How Computer Automation Affects Occupations: Technology, Jobs, and Skills", Boston University School of Law, Law and Economics Research Paper No. 15-49 (3 de outubro de 2016); http://dx.doi.org/10.2139/ssrn.2690435.

A introdução de caixas eletrônicos gerou uma transformação organizacional significativa; o novo caixa exigia um julgamento subjetivo. As tarefas do caixa original eram, por definição, rotineiras e facilmente mecanizáveis. Mas as novas, que envolviam conversar com os clientes sobre suas necessidades financeiras, aconselhá-los sobre empréstimos e elaborar opções de crédito, eram mais complexas. No processo, avaliar se os novos caixas estavam fazendo um bom trabalho se tornou mais difícil.[4]

Quando as medidas de desempenho mudam de objetivas (as filas estão curtas?) para subjetivas (você está vendendo os produtos certos?), a gestão de recursos humanos (RH) se torna complexa. Os economistas dirão que as responsabilidades no trabalho devem se tornar menos expressas e mais relacionais. Você avaliará e recompensará os funcionários com base em processos subjetivos, como avaliações de desempenho que levam em conta a complexidade das tarefas e os pontos fortes e fracos dos colaboradores. Tais processos são difíceis de implementar, porque confiar neles para criar incentivos para um bom desempenho requer muita confiança. Afinal, uma empresa pode decidir negar um bônus, aumento salarial ou promoção com base em uma avaliação subjetiva mais facilmente do que em uma objetiva. No entanto, quando as medidas de desempenho são objetivas em ambientes complexos, podem ocorrer erros críticos, como a experiência da Wells Fargo com a fraude dos gerentes de contas nos mostrou de maneira tão drástica.[5]

A implicação direta dessa lógica econômica é que a IA tornará a gestão de RH mais relacional, em vez de transacional. O motivo é duplo. Primeiro, o julgamento humano, quando é valioso, é utilizado porque é difícil de programá-lo em uma máquina. As recompensas são instáveis, desconhecidas ou requerem experiência humana para sua implementação. Segundo, na medida em que o julgamento humano se torna mais importante, enquanto as predições de máquina proliferam, ele requer meios subjetivos de avaliação de desempenho. Se houver meios objetivos disponíveis, é provável que uma máquina faça esse julgamento sem a necessidade de qualquer gestão de RH. Assim, os seres humanos são cruciais para a tomada de decisão, porque as metas são subjetivas. Por essa razão, a gestão de tais pessoas provavelmente será mais relacional.

Assim, a IA terá um impacto no trabalho diferente de seu impacto no capital. A importância do julgamento significa que os contratos com os colaboradores precisam ser mais subjetivos.

As forças que afetam o equipamento de capital também afetam o trabalho. Se os principais resultados do trabalho humano são dados, predições ou ações, o uso de IA significa mais mão de obra terceirizada, bem como mais equipamentos e suprimentos terceirizados. Como no caso do capital, uma melhor predição gera mais "se", que podemos usar para especificar claramente os "então" em um contrato de terceirização.

No entanto, o principal efeito no trabalho é a crescente importância do julgamento humano. A predição e o julgamento são complementos, portanto, uma predição melhor aumenta a demanda por ele, o que significa que o principal papel de seus colaboradores será exercer o julgamento na tomada de decisões. Isso, por definição, não pode ser bem especificado em um contrato. Aqui, a máquina preditiva aumenta a incerteza do dilema estratégico, porque avaliar a qualidade do julgamento é difícil, por isso a terceirização é arriscada. Paradoxalmente, melhores predições aumentam a incerteza que você tem sobre a qualidade do trabalho humano realizado: você precisa manter os responsáveis focados no julgamento.

Impacto da IA: Dados

Outra questão estratégica é a propriedade e o controle de dados. Assim como a complementaridade entre predição e julgamento afeta os colaboradores, a relação entre predição e dados também impulsiona esses dilemas. Os dados melhoram a predição. Aqui, consideramos os dilemas associados aos limites organizacionais. Você deve utilizar os dados dos outros ou possuir os próprios? (No próximo capítulo, exploramos questões relativas à importância estratégica de investir na coleta de dados.)

Para startups de IA, possuir os dados que lhes permitem aprender é particularmente crucial. Caso contrário, elas não conseguem aprimorar seus produtos. A startup de aprendizado de máquina Ada Support ajuda outras empresas a interagir com seus clientes. A Ada poderia integrar seu produto ao sistema de um grande provedor de chat já estabelecido. Se isso funcionasse, seria muito mais fácil decolar e estabelecer uma grande base de usuários. Esse era um caminho tentador a ser seguido.

O problema, no entanto, era que as empresas já estabelecidas tinham os dados de feedback sobre as interações. Sem eles, a Ada não seria capaz de melhorar seu produto com base no que realmente aconteceu no campo. A Ada foi encorajada a reconsiderar essa abordagem e não fez a integração até garantir que possuísse os dados resultantes. Ao fazê-lo, forneceu um fluxo contínuo de dados atuais e futuros para se beneficiar do aprendizado contínuo.

Possuir ou adquirir dados é uma questão que transcende as startups. Considere os dados projetados para fazer os anunciantes atingirem clientes potenciais. John Wanamaker, que, entre outros, criou a moderna estrutura da publicidade na mídia, afirmou: "Metade do dinheiro gasto em propaganda é desperdiçado; o problema é que eu não sei qual metade."

Essa é a questão fundamental da publicidade. Coloque um anúncio em um site, todos que o visitam visualizam o anúncio, e você paga por cada visualização. Se apenas uma fração desses visitantes for de clientes em potencial, sua disposição de pagar será baixa. Isso é um problema para você, como anunciante, e para o site, que tenta lucrar com anúncios.

Uma solução é se concentrar na criação de sites que atraiam pessoas com interesses específicos — esportes, finanças e assim por diante —, que chamem mais clientes em potencial para certos tipos de anunciantes. Antes da ascensão da internet, essa era uma característica central da publicidade, levando à proliferação de revistas, canais de TV a cabo e seções de jornais para automóveis, moda, imóveis e investimentos. No entanto, nem todo meio de comunicação consegue adaptar seu conteúdo.

Em vez disso, graças às inovações dos navegadores da web, principalmente aos "cookies", os anunciantes acompanham os usuários ao longo do tempo nos sites. Eles conseguem segmentar melhor sua publicidade. O cookie registra informações sobre os visitantes do site, mas, o mais importante, informações sobre o tipo, incluindo os sites de compras que frequentam. Devido a essa tecnologia de rastreamento, quando você visita um site para procurar calças novas, pode descobrir que uma parcela desproporcional de anúncios subsequentes que vê em seguida, inclusive em sites completamente não relacionados, é de calças.

Qualquer site pode usar cookies, mas eles não são necessariamente de grande valor para um site específico. Em vez disso, os sites oferecem cookies para vender a ad exchanges (ou, às vezes, diretamente para anunciantes), para que segmentem melhor seus anúncios. Os sites vendem dados sobre seus visitantes para empresas de anúncios.

As empresas compram dados porque não conseguem coletá-los. Não é de surpreender que comprem dados que as ajudem a identificar clientes de alto valor. Elas também podem comprar dados para evitar fazer publicidade para clientes de baixo valor. Os dois tipos são valiosos porque permitem à empresa direcionar seus gastos com publicidade.[6]

Muitas empresas líderes em IA, como Google, Facebook e Microsoft, criaram ou adquiriram as próprias redes de publicidade para coletar esses dados. Elas decidiram que possuir esses dados vale o custo de adquiri-los. Para outras, os dados de publicidade são menos essenciais, então elas trocam o controle dos dados para evitar o alto custo de coletá-los; os dados de publicidade, portanto, permanecem fora de seus limites.

Vendendo Predições

Google, Facebook, Microsoft e um punhado de outras empresas têm dados particularmente úteis sobre as preferências do consumidor online. Em vez de vender apenas dados, elas vão um passo além para fazer predições para os anunciantes. Por exemplo, o Google, por meio das pesquisas, do YouTube e de sua rede de publicidade, tem dados valiosos sobre as necessidades dos usuários. Ele não vende os dados. No entanto, efetivamente vende as predições que os dados geram para os anunciantes como parte de um serviço agrupado. Se você anunciar na rede do Google, seu anúncio será exibido para os usuários que a rede prevê como influenciáveis pelo anúncio. A publicidade através do Facebook ou Microsoft produz resultados semelhantes. Sem acesso direto aos dados, o anunciante compra a predição.

Dados exclusivos são importantes para criar vantagem estratégica. Se os dados não são exclusivos, é difícil construir um negócio em torno de máquinas preditivas. Sem dados, não há um caminho real para o aprendizado, portanto, a inteligência artificial não é essencial para sua estratégia. Conforme observado no exemplo das redes de publicidade, as predições ainda podem ser úteis. Elas permitem que o anunciante atinja o cliente de maior valor. Assim, uma melhor predição ajuda uma organização, mesmo que os dados e as predições não sejam prováveis fontes de vantagem estratégica.[7] Os dados e a predição estão fora dos limites da organização, mas ainda podem usar a predição.

A principal implicação aqui é que os dados e as máquinas preditivas são complementos. Assim, obter ou desenvolver uma IA terá valor limitado, a menos que tenha os dados para alimentá-la. Se esses dados forem de terceiros, você precisará de uma estratégia para obtê-los.

Se os dados pertencerem a um provedor exclusivo ou de monopólio, você corre o risco de que esse provedor se aproprie de todo o valor de sua IA. Se os dados pertencerem a concorrentes, pode não haver uma estratégia que faça a compra deles valer a pena. Se os dados estiverem com os consumidores, poderão ser trocados por um produto ou serviço de melhor qualidade.

No entanto, em algumas situações, você e outras pessoas podem ter dados com valor mútuo; portanto, uma troca de dados é possível. Em outras, os dados podem estar em diversos provedores, caso em que você pode precisar de um arranjo mais complicado para adquirir uma combinação de dados e predição.

Decidir se você deve coletar os próprios dados e fazer predições ou comprá-los de outras pessoas depende da importância das máquinas preditivas em sua empresa. Se a máquina for um recurso dispensável, você pode tratá-la como a maioria das empresas trata a energia, e comprá-la no mercado, desde que a inteligência artificial não seja essencial para sua estratégia. Por outro lado, se as máquinas preditivas forem o centro da estratégia de sua empresa, você precisará controlar os dados, a fim de aprimorá-las, então tanto os dados quanto a máquina preditiva precisam ser internos.

No início deste capítulo, sugerimos que uma startup de aprendizado de máquina que visava fornecer diagnósticos médicos, em vez disso, vendesse uma predição. Por que o médico estaria disposto a comprar a predição em vez de um diagnóstico completo? E por que o médico não escolheu manter a máquina e os dados de predição? As respostas estão nos dilemas relevantes que discutimos. Uma parte fundamental do trabalho do médico é o diagnóstico, portanto, comprar a predição não é uma decisão estratégica básica do médico. Os médicos continuam a fazer o que fizeram antes, com uma informação adicional. Se não envolver uma decisão estratégica fundamental, eles podem comprar a predição sem precisar possuir os dados ou a predição. Em contraste, a essência da startup é a IA, e a predição fornece valor para os clientes. Portanto, desde que a startup possua a máquina preditiva e os dados, não precisará possuir o diagnóstico. O limite entre a startup e o médico é o limite em que a IA deixa de ser estratégica e passa a ser simplesmente uma informação para um processo diferente.

PONTOS PRINCIPAIS

- Uma escolha estratégica fundamental é determinar os limites de sua atividade — delimitando as fronteiras da empresa (por exemplo, parcerias de companhias aéreas, terceirização de fabricação de peças automotivas). A incerteza influencia essa escolha. Como as máquinas preditivas reduzem a incerteza, podem influenciar os limites entre sua organização e as outras.
- Ao reduzir a incerteza, as máquinas preditivas aumentam a capacidade de redigir contratos e, assim, o incentivo para que as empresas terceirizem bens de capital e mão de obra com foco em dados, predição e ação. No entanto, as máquinas preditivas diminuem o incentivo para as empresas terceirizarem o trabalho com foco no julgamento. A qualidade do julgamento é difícil de especificar em um contrato e difícil de monitorar. Se o julgamento fosse bem especificado, poderia ser programado, e não precisaríamos de seres humanos para fornecê-lo. Uma vez que o julgamento é provavelmente o principal papel do trabalho humano, à medida que a IA se difunde, o trabalho interno aumenta e a contratação de mão de obra diminui.
- A IA aumentará os incentivos para possuir dados. Ainda assim, terceirizá-los pode ser necessário quando as predições fornecidas por eles não forem estrategicamente essenciais para sua organização. Nesses casos, talvez seja melhor comprar predições diretamente, em vez de comprar dados e gerar as próprias predições.

17

Sua Estratégia de Aprendizagem

Em março de 2017, em um discurso em seu evento anual I/O, o CEO do Google, Sundar Pichai, anunciou que a empresa estava mudando de um "mundo móvel para o da IA". Em seguida, ocorreu uma série de anúncios envolvendo IA de várias maneiras: do desenvolvimento de chips especializados para otimizar o aprendizado de máquinas ao uso de aprendizado profundo em novas aplicações, incluindo pesquisa sobre câncer, até colocar o assistente do Google no máximo de dispositivos possível. Pichai afirmou que a empresa estava em transição de "pesquisar e organizar as informações do mundo para a IA e o aprendizado de máquina".

O anúncio foi mais estratégico do que uma mudança fundamental de visão. O fundador do Google, Larry Page, descreveu sua tática, em 2002:

> Nem sempre produzimos o que as pessoas querem. É nisso que trabalhamos arduamente. É muito difícil. Para fazer isso é preciso ser esperto, entender tudo no mundo, tem que compreender a consulta. O que estamos tentando fazer é inteligência artificial... O mecanismo de busca definitivo seria inteligente. E assim trabalhamos para nos aproximar cada vez mais disso.[1]

Nesse sentido, há anos o Google se considera no caminho para a criação de IA. Apenas recentemente ele passou a adotar abertamente as técnicas de IA como prioridade em tudo o que faz.

O Google não está sozinho nesse compromisso estratégico. Naquele mesmo mês, a Microsoft anunciou sua intenção de se concentrar na IA, afastando-se das prioridades anteriores, mobilidade e computação em nuvem.[2] Mas o que significa esse novo foco? Tanto para o Google quanto para a Microsoft, a primeira parte de sua mudança — relegar a mobilidade a segundo plano — nos dá uma pista. Criar a interface móvel primeiro é direcionar o tráfego para a experiência móvel e otimizar essa interface para o consumidor, *mesmo à custa do seu site completo e de outras plataformas*. A última parte é o que torna a transformação estratégica. "Sair-se bem no mundo móvel" é algo a se almejar. Mas dizer que você fará isso, mesmo que prejudique outros canais, é um compromisso real.

O que isso significa em um contexto que prioriza a IA? O diretor de pesquisa do Google, Peter Norvig, responde:

> Na recuperação das informações, um mínimo de 80% é muito bom — nem todas as sugestões precisam ser perfeitas, pois o usuário ignora as ruins. Na área de assistência, há uma barreira muito maior. Você não usaria um serviço que fizesse a reserva errada em 20% do tempo, ou mesmo em 2%. Assim, um assistente precisa ser muito mais preciso e, portanto, mais inteligente e consciente da situação. Isso é o que chamamos de "IA primeiro".[3]

Essa é uma boa resposta para um cientista da computação. Ele enfatiza o desempenho técnico e, em especial, a precisão. Mas essa afirmação tem uma implicação tácita. Se a IA for uma prioridade (maximizando a precisão preditiva), o que vem em segundo lugar?

O crivo do economista indica que toda declaração de "vamos nos concentrar em X" representa uma concessão. Algo sempre será negligenciado. O que é necessário para enfatizar a precisão de predição acima de tudo? A resposta vem de nosso quadro econômico central: primeiro, a IA engloba dedicar recursos à coleta e ao aprendizado de dados (objetivo de longo prazo) à custa de importantes considerações de curto prazo, como experiência imediata do cliente, receita e número de usuários.

Ventos da Disrupção

Adotar uma estratégia de IA é fazer um compromisso com a qualidade da predição e apoiar o processo de aprendizado de máquina, mesmo à custa de fatores de curto prazo, como satisfação do consumidor e desempenho operacional. Coletar dados significa usar IAs cuja qualidade da predição ainda não é ideal. O dilema estratégico é priorizar esse aprendizado ou proteger os outros dos sacrifícios no desempenho que isso acarreta.

Cada empresa abordará esse dilema e fará escolhas de formas específicas. Mas por que o Google, a Microsoft e outras empresas de tecnologia buscam priorizar a IA? Isso é algo a que outras empresas podem aderir? Ou há algo especial nessas empresas?

Uma característica distintiva dessas empresas é que elas já estão reunindo e gerando grandes quantidades de dados digitais e operando em ambientes de incerteza. Assim, as máquinas preditivas provavelmente habilitarão ferramentas úteis para suas atividades. Internamente, ferramentas mais baratas e que envolvem predições superiores estão em alta demanda. Paralelamente, essa é uma vantagem do lado da oferta. Essas empresas já abrigam talentos técnicos que podem ser usados para desenvolver aprendizado de máquina e suas aplicações.

Essas empresas, baseando-se na analogia do milho híbrido, do Capítulo 15, são como os fazendeiros locais de Iowa. Mas as tecnologias lideradas por IA exibem outra característica importante. Dado que a aprendizagem leva tempo e muitas vezes resulta em desempenho inferior (especialmente para os consumidores), ela compartilha características com aquilo que Clay Christensen denominou "tecnologias disruptivas", o que significa que algumas empresas estabelecidas terão dificuldade em adotar essas tecnologias rapidamente.[4]

Considere uma nova versão de IA de um produto existente. Para desenvolvê-lo, usuários são cruciais. Os primeiros usuários do produto de IA terão uma experiência ruim do cliente porque ela precisa aprender. Uma empresa pode ter uma sólida base de clientes e, portanto, fazer com que eles usem o produto e forneçam dados de treinamento. No entanto, esses clientes estão satisfeitos com o produto existente e podem não tolerar a mudança para um produto de IA temporariamente inferior.

Esse é o clássico "dilema do inovador": as empresas renomadas não querem lesar o relacionamento com os clientes, mesmo que isso seja melhor em longo prazo. Esse dilema ocorre porque, quando surgem, as inovações podem não ser boas o bastante para atender aos clientes das empresas renomadas em um setor, mas o podem ser para fornecer a uma startup os clientes suficientes para desenvolver o produto. Com o tempo, essa startup ganha experiência. Em certo ponto, ela aprendeu a ponto de criar um produto forte, que rouba os clientes dos concorrentes maiores. A essa altura, a empresa maior está muito atrasada, e a startup acaba dominando. A IA requer aprendizado, e as startups podem estar mais dispostas a investir nele do que seus concorrentes já estabelecidos.

O dilema do inovador deixa de ser relevante quando a empresa enfrenta uma concorrência acirrada, especialmente se provém de novatos, que não têm a mesma necessidade de satisfazer uma base de clientes. Nessa situação, a ameaça da concorrência significa que o custo de não fazer nada é muito alto. Isso sugere que é sempre mais vantajoso adotar a tecnologia disruptiva rapidamente, mesmo se você for novato. Em outras palavras, para tecnologias como a IA, em que o impacto potencial de longo prazo, provavelmente, será enorme, os ventos da disrupção levam a uma adoção antecipada, mesmo pelos operadores tradicionais.

O aprendizado requer muitos dados e tempo até que as predições de uma máquina se tornem confiáveis. É raro, na verdade, uma máquina preditiva funcionar imediatamente. Alguém que lhe venda um software com tecnologia IA pode já ter feito o árduo trabalho de treinamento. Mas, quando você deseja gerenciar a IA para uma finalidade central em seu negócio, é improvável que haja uma solução pronta para o uso. Você não precisará de um manual do usuário, mas de um manual de treinamento. Esse treinamento requer alguma forma de a IA coletar dados e se aprimorar.[5]

Um Caminho para a Aprendizagem

A aprendizagem pela interação é uma noção que o historiador econômico Nathan Rosenberg empregou para descrever como as empresas melhoram seu design de produto com interações com os usuários.[6] Suas principais aplicações voltavam-se ao desempenho dos aviões, cujos projetos mais conservadores deram lugar a projetos melhores, com maior capacidade e eficiência, conforme os fabricantes aprendiam com a utilização. Os fabricantes pioneiros obtiveram uma vantagem estratégica à medida que aprendiam. Naturalmente, essas curvas de aprendizado a possibilitam em vários contextos. Elas são particularmente importantes para as máquinas preditivas, que dependem do aprendizado de máquina.

Até agora, não distinguimos bem os tipos de aprendizado que compõem o aprendizado de máquina. Concentramo-nos principalmente no *aprendizado supervisionado.* Você usa essa técnica quando já tem bons dados sobre o que está tentando predizer; por exemplo, você tem milhões de imagens e já sabe que elas contêm um gato ou um tumor; você treina a IA com base nisso. O aprendizado supervisionado é uma parte fundamental do que fazemos como professores: apresentamos novos materiais mostrando os problemas de nossos alunos e suas soluções.

Por outro lado, o que acontece quando você não tem bons dados sobre o que está tentando predizer, mas é capaz de dizer, depois do fato, o quanto estava certo? Nessa situação, como discutimos no Capítulo 2, os cientistas de computação empregam técnicas de *aprendizado por reforço.* Muitas crianças e animais aprendem assim. O psicólogo Pavlov tocava uma campainha toda vez que dava comida aos cães, e depois descobriu que apenas tocá-la já fazia os cães salivarem. Os cães a associaram ao recebimento de comida, aprenderam que o sinal indicava que ela estava a caminho e se preparavam.

Na IA, houve muito progresso no aprendizado por reforço ao ensinar as máquinas a jogar. A DeepMind deu à sua IA um conjunto de controles para videogames, como o Breakout, e a "recompensou" por obter uma pontuação mais alta sem outras instruções. A IA aprendeu a jogar uma série de jogos de Atari melhor do que os melhores jogadores humanos. Isso é aprender por interação. Elas jogaram milhares de vezes e se aprimoraram, da mesma maneira que um humano, exceto que a IA é capaz de jogar mais jogos, com mais rapidez, do que qualquer humano.[7]

O aprendizado ocorre quando a máquina faz certos movimentos e depois usa os dados decorrentes, além da experiência passada (de movimentos e pontuações resultantes) para prever quais movimentos levarão à maior pontuação. A única maneira de aprender é realmente jogar. Sem um caminho para o aprendizado, a máquina não vai jogar bem, nem melhorar com o tempo. E esses caminhos para o aprendizado são caros.

Quando Implementar

Aqueles familiarizados com o desenvolvimento de software sabem que o código precisa de testes extensivos para localizar bugs. Em algumas situações, as empresas lançam o software aos usuários para ajudar a encontrar os bugs que podem surgir no uso comum. Seja por consumo próprio (forçar a utilização de novas versões de software internamente) ou "testes beta" (convidando adeptos a testarem o software), essas formas de aprendizado por interação envolvem um investimento de curto prazo no aprendizado para permitir que o produto melhore com o tempo.

Esse custo de treinamento de curto prazo para um benefício de longo prazo é similar ao modo como os humanos aprendem a fazer melhor o seu trabalho. Embora não seja necessário muito treinamento para começar um trabalho como membro da equipe do McDonald's, os novos funcionários são mais lentos e cometem mais erros do que seus colegas mais experientes. Eles melhoram à medida que servem a mais clientes.

Pilotos de companhias aéreas comerciais também continuam a melhorar com a experiência. Em 15 de janeiro de 2009, quando o voo 1549 da US Airways foi atingido por um bando de gansos canadenses, o que provocou o desligamento dos motores, o capitão Chesley "Sully" Sullenberger pousou milagrosamente o avião no rio Hudson, salvando a vida de todos os 155 passageiros. A maioria dos repórteres atribuiu seu desempenho à experiência. Ele havia registrado 19.663 horas totais de voo, incluindo 4.765 voando um Airbus A320. Sully declarou: "Uma maneira de encarar isso é que há 42 anos faço pequenos depósitos regulares nesse banco de experiência, educação e treinamento. E, em 15 de janeiro, o saldo foi suficiente para que eu fizesse uma retirada muito grande."[8] Sully e todos os seus passageiros se beneficiaram das milhares de horas voadas.

A diferença entre as habilidades de caixas e pilotos novatos no que constitui "bom o suficiente para começar" é baseada na tolerância ao erro. Obviamente, nossa tolerância é muito menor com os pilotos. Ficamos mais tranquilos sabendo que sua certificação é regulamentada e exige experiência de uma quantidade mínima de horas de voo, incluindo voo noturno e operação por instrumento, embora os pilotos continuem aprendendo com a experiência no trabalho. Temos definições distintas do que é bom o suficiente quanto ao treinamento necessário para trabalhos diferentes. O mesmo acontece com as máquinas de aprendizado.

As empresas projetam sistemas para treinar novos colaboradores até que sejam bons o bastante e, em seguida, colocá-los em serviço, sabendo que vão melhorar à medida que aprenderem com a prática. Mas determinar o que é bom o bastante é uma decisão crítica. No caso das máquinas preditivas, pode ser uma decisão estratégica em relação ao momento: quando passar do treinamento para o aprendizado no trabalho.

Não há respostas prontas para o que é bom o bastante para as máquinas preditivas, apenas dilemas. O sucesso com essas máquinas exigirá levar a sério essas concessões e abordá-las estrategicamente.

Primeiro, qual é a tolerância das pessoas ao erro? Temos alta tolerância com algumas máquinas preditivas e baixa com outras. Por exemplo, a aplicação Inbox do Google lê o e-mail, usa a IA para prever respostas curtas e gera três para escolhermos. Muitos usuários relatam gostar de usar a aplicação, embora tenha uma taxa de falha de 70% (quando este livro foi escrito, a resposta gerada pela IA só nos tinha sido útil em 30% das vezes). A razão para essa alta tolerância ao erro é que o benefício de evitar compor e digitar a mensagem supera o custo de fornecer sugestões e desperdiçar espaço na tela quando a resposta prevista está errada.

Em contrapartida, temos baixa tolerância a erros no domínio da direção autônoma. A primeira geração de veículos autônomos, da qual o Google foi pioneiro em grande parte, foi treinada com motoristas humanos que dirigiram um número limitado de veículos por centenas de milhares de quilômetros, como um pai supervisionando experiências de direção.

Esses motoristas humanos fornecem um ambiente de treinamento seguro, mas também são extremamente limitados. A máquina só aprende algumas situações. Alguém pode levar milhões de quilômetros em ambientes e situações variadas antes de aprender a lidar com os raros incidentes que levam a acidentes. Para os veículos autônomos, as estradas reais são desagradáveis e implacáveis, precisamente porque situações assim, causadas pelo homem, podem ocorrer nelas.

Segundo, qual é a importância da obtenção de dados do usuário na prática? Consciente de que o treinamento pode demorar desmedidamente, a Tesla implementou recursos de veículos autônomos em todos os seus modelos recentes, que incluem sensores para coletar dados do ambiente, e de condução do veículo, que são enviados para os servidores de aprendizado de máquina da Tesla. Em pouco tempo, a Tesla pode obter dados de treinamento apenas observando como os motoristas que adquirem seus carros dirigem. Quanto mais veículos da Tesla estiverem na estrada, mais suas máquinas aprendem.

No entanto, além de coletar dados passivamente sobre como os humanos dirigem seus Teslas, a empresa precisa dos dados de condução autônoma para entender como seus sistemas operam. Assim, é preciso que os carros conduzam de forma autônoma, a fim de avaliar o desempenho e saber quando um motorista humano, cuja presença e atenção são necessárias, decide intervir. O objetivo da Tesla não é produzir um copiloto ou adolescente que dirige sob supervisão, mas um veículo totalmente autônomo. Para isso, é necessário chegar-se ao ponto em que as pessoas se sentem confortáveis em um carro autônomo.

Eis um dilema complexo. Para melhorar, a Tesla precisa que suas máquinas aprendam em situações reais. Mas colocar seus carros atuais em situações reais significa dar aos clientes um motorista relativamente jovem e inexperiente, embora talvez tão bom ou melhor que muitos jovens motoristas humanos. Ainda assim, isso é muito mais arriscado do que fazer um teste beta com a Siri ou a Alexa, em que o máximo que pode acontecer é elas entenderem errado o que o usuário disse; ou com o Inbox, do Google, em que a consequência pode ser não supor corretamente sua resposta a um e-mail. Nesses casos, um erro significa uma experiência ruim para o usuário. No caso de veículos autônomos, coloca vidas em risco.

Essa experiência assusta.[9] Os carros podem sair das rodovias sem aviso prévio ou acionar os freios ao confundir uma passagem de nível com uma obstrução. Motoristas mais ressabiados talvez optem por não usar os recursos autônomos, o que atrapalha a capacidade do veículo de aprender. Mesmo que a empresa convença alguns usuários a se tornarem testadores beta, são esses os usuários que deseja? Afinal, esse testador beta pode ser alguém mais adepto ao risco do que o motorista típico. No que a empresa transformaria suas máquinas ao treiná-las desse modo?

As máquinas aprendem mais rapidamente quando recebem dados, e, quando entram em ação, mais dados são gerados. Porém, na prática, coisas ruins podem acontecer, o que prejudica a marca da empresa. Lançar logo os produtos acelera o aprendizado, mas pode lesar a marca (e o cliente); apresentá-los mais tarde atrasa o aprendizado, mas deixa mais tempo para aprimorá-los internamente e proteger a marca (e, de novo, o cliente).

Para alguns produtos, como o Inbox, do Google, a resposta ao dilema é clara, porque o custo do desempenho ruim é baixo e os benefícios de aprender com o uso do cliente, altos. Faz sentido implementar esse tipo de produto logo. Para outros produtos, como carros, a resposta é mais obscura. À medida que mais empresas, de todos os setores, tentam tirar proveito do aprendizado de máquina, as estratégias associadas à maneira de lidar com esse dilema se tornarão cada vez mais evidentes.

Aprendendo por Simulação

Uma opção intermediária para amenizar esse dilema é simular contextos. Quando os pilotos humanos estão treinando, antes de colocar as mãos em um avião em voo, passam centenas de horas em simuladores sofisticados e realistas. Uma abordagem semelhante está disponível para a IA. O Google treinou o AlphaGo, a IA da DeepMind, para derrotar os melhores jogadores do mundo, não apenas observando milhares de partidas entre humanos, mas também jogando contra outra versão de si mesmo.

Uma vertente dessa abordagem se chama aprendizado de máquinas adversárias, que coloca a IA principal contra outra, para embarreirar seus objetivos. Por exemplo, os pesquisadores do Google fizeram uma IA enviar mensagens para outra por meio de criptografia. As duas IAs compartilhavam uma chave para codificar e decodificar as mensagens. Uma terceira IA (a adversária) tinha as mensagens, mas não a chave, e as tentava decodificar. Com muitas simulações, a adversária treinou a IA principal para decodificar e se comunicar de formas difíceis, sem a chave.[10]

Essas abordagens de aprendizado simulado não podem ocorrer na prática; exigem algo semelhante a um laboratório, para produzir um novo algoritmo de aprendizado de máquina que é então copiado e enviado para os usuários. A vantagem é que a máquina não é treinada na prática, então o risco para a experiência do usuário, ou mesmo para o próprio usuário, é mitigado. A desvantagem é que as simulações não fornecem um feedback completo, o que reduz, mas não elimina, a necessidade de a IA ser lançada cedo. Em determinado momento, você precisará disponibilizá-la.

Aprendendo na Nuvem Versus na Prática

Aprender na prática melhora a IA. A empresa pode usar os resultados do mundo real que a máquina preditiva experimentou para melhorar as predições. Frequentemente, uma empresa coleta dados no mundo real e refina a máquina antes de lançar um modelo de predição atualizado.

O Autopilot, da Tesla, nunca aprende na prática. Quando está em campo, ele envia os dados de volta à nuvem de computação da Tesla. A Tesla, em seguida, agrega e usa esses dados para atualizá-lo. Só então é lançada uma nova versão do Autopilot. O aprendizado ocorre na nuvem.

Essa abordagem padrão tem a vantagem de proteger os usuários de versões subtreinadas. A desvantagem, no entanto, é que a IA comum instalada nos dispositivos não leva em conta as condições locais, que mudam rapidamente, ou, no mínimo, só faz isso quando esses dados são incorporados a uma nova geração. Assim, a partir da perspectiva do usuário, as melhorias são graduais.

Por outro lado, imagine se a IA aprendesse e se aprimorasse no dispositivo. Seria possível responder mais prontamente às condições locais e otimizar-se para diferentes ambientes. Em contextos instáveis, é benéfico melhorar as máquinas preditivas nos próprios dispositivos. Por exemplo, em aplicativos como o Tinder (o popular software de encontros em que os usuários selecionam possíveis parceiros deslizando para a esquerda ou direita), os usuários tomam muitas decisões rapidamente. Isso alimenta as predições no ato e as faz determinar quais correspondências mostrar em seguida. Os gostos são específicos do usuário e mudam ao longo do tempo, seja em um ano ou uma hora. Quando as pessoas são semelhantes e têm preferências estáveis, o envio para a nuvem e a atualização funcionam bem. Quando os gostos são idiossincráticos e mudam rapidamente, a capacidade do dispositivo de ajustar as predições é útil.

As empresas devem fazer concessões com a rapidez com que usam a experiência de uma máquina no mundo real para gerar novas predições. Usar essa experiência imediatamente faz a IA se adaptar mais rápido a mudanças nas condições locais, mas à custa da qualidade.

Permissão para Aprender

O aprendizado geralmente requer clientes dispostos a fornecer dados. Se a estratégia depende de outra coisa, então, no ambiente da IA, poucas empresas fizeram um compromisso mais forte e mais cedo do que a Apple. Tim Cook escreveu em uma seção especial dedicada à privacidade na página inicial da Apple: "Na Apple, sua confiança significa tudo para nós. É por isso que respeitamos sua privacidade e a protegemos com forte criptografia, além de políticas rígidas que controlam a gestão dos dados."[11]

Ele continuou:

> Há alguns anos, os usuários de serviços de internet começaram a perceber que, quando um serviço online é gratuito, você não é o cliente, mas o produto. Na Apple, porém, acreditamos que uma ótima experiência do cliente não deve custar sua privacidade.
>
> Nosso modelo de negócios é direto: vendemos ótimos produtos. Não criamos um perfil com base no seu conteúdo de e-mail ou hábitos de navegação na web para vender aos anunciantes. Não "monetizamos" as informações armazenadas no seu iPhone ou iCloud. E não lemos seu e-mail e mensagens para obter informações no mercado para você. Nossos softwares e serviços são projetados para melhorar nossos dispositivos. Simples assim.[12]

A Apple não tomou essa decisão devido a um regulamento do governo. Alguns alegaram que ela decidiu agir assim porque estava supostamente atrasada em relação ao Google e ao Facebook no desenvolvimento de IA. Nenhuma empresa, nem a Apple, poderia ignorá-la. Isso dificultaria seu trabalho. A Apple planeja usar a IA de uma maneira que respeite a privacidade. Ela fez uma aposta estratégica de que os consumidores desejarão controlar os próprios dados. Por segurança ou privacidade, a Apple aposta que esse compromisso tornará os consumidores mais, e não menos, propensos a permitir a IA em seus dispositivos.[13] A Apple não está sozinha nessa. Salesforce, Adobe, Uber, Dropbox e muitos outros têm investido pesadamente em privacidade.

Essa aposta é estratégica. Muitas outras empresas, incluindo Google, Facebook e Amazon, escolheram um caminho diferente, dizendo aos usuários que usarão seus dados para fornecer produtos melhores. O foco da Apple na privacidade limita os produtos que ela oferece. Por exemplo, tanto a Apple quanto o Google incorporaram o reconhecimento facial a seus serviços de fotografia. Para ser útil aos consumidores, os rostos precisam ser marcados. O Google faz isso preservando as tags, independentemente do dispositivo, já que o reconhecimento é executado em seus servidores. A Apple, no entanto, pelas preocupações com a privacidade, optou por esse reconhecimento ocorrer no dispositivo. Isso significa que, se você marcar rostos de pessoas que conhece no seu Mac, as tags não serão transferidas para o iPhone ou iPad. Não é de surpreender que isso crie uma situação em que as preocupações com a privacidade e a usabilidade do consumidor atinjam um obstáculo. (Não se sabe até o momento como a Apple lidará com esses problemas.)

Não sabemos o que virá na prática. Em todo caso, sob a perspectiva econômica, os pagamentos associados à preocupação com a privacidade quanto à precisão preditiva guiarão a escolha estratégica final. A privacidade aprimorada permite às empresas aprender sobre os consumidores, mas também significa que o aprendizado não é particularmente útil.

A Experiência É o Novo Recurso Escasso

O Waze coleta dados de seus usuários para prever onde há tráfego intenso. Ele encontra a rota mais rápida especialmente para você. Se isso fosse tudo o que ele faz, não haveria problema. No entanto, a predição altera o comportamento humano, que é seu objetivo. Quando a máquina recebe informações de uma multidão, suas predições podem ser distorcidas.

Para o Waze, o problema é que seus usuários seguirão suas orientações para evitar problemas de trânsito, talvez por meio de ruas alternativas. A menos que o Waze se adapte a isso, nunca será alertado de que um problema de tráfego desapareceu e que a rota normal é novamente a mais rápida. Para superar esse obstáculo, o aplicativo deve direcionar alguns motoristas humanos de volta ao engarrafamento para verificar se ele ainda está lá. Fazer isso apresenta a questão óbvia — os humanos desviados são o cordeiro imolado em prol do bem maior. No entanto, obviamente, isso degrada a qualidade do produto para esses usuários.

Não há meios fáceis de superar o dilema que surge quando a predição altera o comportamento da multidão, negando assim à IA a informação necessária para fazer a predição correta. Nesse caso, as necessidades de muitos superam as de poucos. Mas essa certamente não é uma maneira confortável de pensar a gestão do relacionamento com os clientes.

Às vezes, para melhorar os produtos, especialmente quando envolvem aprendizado com interação, é importante sacudir o sistema para que os consumidores realmente experimentem algo novo, e a máquina aprenda. Os clientes que são forçados a entrar nesse novo ambiente geralmente têm uma experiência pior, mas os demais se beneficiam disso. Para testes beta, o dilema é voluntário, pois os clientes optam pelas versões anteriores. Mas o teste beta pode atrair clientes que não usam o produto da mesma forma que os clientes em geral. Para ganhar experiência sobre todos os seus clientes, às vezes você precisa degradar o produto para eles, a fim de obter um feedback que beneficiará a todos.

Os Seres Humanos Também Precisam de Experiência

A escassez de experiência se evidencia quando você considera a experiência de seus recursos humanos. Se as máquinas adquirem experiência, os humanos podem não vivenciá-la. Recentemente, algumas pessoas expressaram preocupação de que a automação desqualificasse os seres humanos.

O voo 447 da Air France caiu no Atlântico entre o Rio de Janeiro e Paris, em 2009. A crise começou com o clima ruim, mas aumentou quando o piloto automático do avião se desligou. No comando, durante esse tempo — ao contrário de Sully, no avião da US Airways —, um piloto novato não conseguiu lidar bem com a situação, segundo relatos. Quando um piloto mais experiente assumiu (que até então estava dormindo), foi incapaz de avaliar adequadamente a situação.[14] O piloto experiente dormira pouco na noite anterior. Resultado: o piloto júnior pode ter tido quase 3 mil horas no ar, mas não obteve uma experiência de qualidade. Na maior parte do tempo, pilotou o avião por meio do piloto automático.

A automação do voo tornou-se comum, uma reação ao fato de que a maioria dos acidentes aéreos ocorridos após a década de 1970 resultou de erro humano. Então, os humanos foram removidos do procedimento de controle. No entanto, a consequência irônica incidental é que os pilotos humanos acumulam menos experiência e não se aprimoram.

Para o economista Tim Harford, a solução é óbvia: a automação deve ser reduzida. O que está sendo automatizado, argumenta, são situações rotineiras, então você precisa da intervenção humana para situações extremas. Se você aprende a lidar com o extremo com uma ótima noção do que é típico, temos um problema. O avião da Air France enfrentou uma situação extrema sem a devida atenção de uma mão experiente.

Harford enfatiza que a automação nem sempre leva a esse desafio:

> Há muitas situações em que a automação não cria esse paradoxo. Uma página da internet de atendimento ao cliente pode lidar com reclamações e solicitações de rotina, para que a equipe seja poupada do trabalho repetitivo e possa fazer um trabalho melhor para os clientes com perguntas mais complexas. Não é assim com um avião. Os pilotos automáticos e a assistência mais sutil do *fly-by-wire* não liberam a equipe para se concentrar nas coisas interessantes. Em vez disso, libertam a tripulação para adormecer nos controles, de maneira figurada e literal. Um incidente notório ocorreu no final de 2009, quando dois pilotos deixaram seu piloto automático ultrapassar o aeroporto de Minneapolis em mais de 100 milhas. Eles estavam distraídos em seus notebooks.[15]

Não é de surpreender que outros exemplos que discutimos neste livro se enquadrem na categoria de aviões, em vez de reclamações de serviços ao cliente, incluindo todo o domínio de carros autônomos. O que faremos quando não dirigirmos a maior parte do tempo, mas tivermos um carro que nos controle durante um evento extremo? O que nossos filhos farão?

As soluções envolvem garantir que os humanos ganhem e retenham habilidades, reduzindo a quantidade de automação para dar espaço ao aprendizado humano. Com efeito, a experiência é um recurso escasso, que você precisa alocar para os humanos para evitar a desqualificação.

A lógica reversa também se aplica. Para treinar máquinas preditivas, ensiná-las com a experiência de eventos potencialmente catastróficos é valioso. Mas, se você colocar um humano no circuito, como a experiência da máquina será? E, assim, outro dilema na criação de um caminho para o aprendizado é a interação da experiência humana e a da máquina.

Esses dilemas revelam as implicações das primeiras declarações da IA sobre a liderança do Google, da Microsoft e de outros. As empresas estão dispostas a investir em dados para ajudar suas máquinas preditivas a aprender. Melhorá-las é a prioridade, mesmo que isso exija a degradação da qualidade da experiência imediata do cliente ou do treinamento dos colaboradores. A estratégia de dados é fundamental para a estratégia de inteligência artificial.

PONTOS PRINCIPAIS

- Priorizar a IA significa relegar a prioridade anterior. Em outras palavras, colocar a IA em primeiro lugar não é uma noção da moda — representa um dilema real. Uma estratégia de "IA primeiro" torna a precisão da predição o objetivo central da empresa, mesmo que isso signifique comprometer outras metas, como maximizar a receita, o número de usuários ou a experiência deles.

- A IA leva à ruptura, porque as empresas incumbentes geralmente têm incentivos econômicos mais fracos do que as startups para adotar a tecnologia. Os produtos habilitados para IA geralmente são inferiores no início, porque leva tempo para treinar uma máquina preditiva a ser executada, bem como um dispositivo codificado que segue instruções humanas em vez de aprender sozinho. No entanto, uma vez implementada, uma IA pode continuar a aprender e melhorar, deixando para trás os produtos não inteligentes dos concorrentes. É tentador para empresas estabelecidas adotar uma abordagem de esperar para ver, ficando de lado e observando o progresso da IA aplicada à sua atividade. Isso pode funcionar para algumas empresas, mas outras terão dificuldade em recuperar o atraso quando seus concorrentes avançarem no treinamento e na implementação de suas ferramentas de inteligência artificial.

- Outra decisão estratégica diz respeito ao tempo — quando lançar ferramentas de IA. Elas são, inicialmente, treinadas internamente, longe dos clientes. No entanto, aprendem mais rápido quando são implementadas em uso comercial, porque estão expostas a condições reais de operação e, geralmente, a volumes maiores de dados. O benefício desse lançamento logo de início é aprendizagem mais rápida, e o custo é um risco maior (risco para a segurança de marca ou do cliente, expondo os clientes a IAs imaturas, que não foram devidamente treinadas). Em alguns casos, a desvantagem é clara, como no Inbox, do Google, em que os benefícios do aprendizado mais rápido superam o custo do desempenho insatisfatório. Em outros casos, como na direção autônoma, o dilema é mais ambíguo, considerando-se o tamanho da recompensa por se antecipar apresentando um produto comercial ponderado em comparação ao alto custo de um erro se esse produto for lançado antes de estar pronto.

18

Gerindo o Risco na IA

Latanya Sweeney, ex-chefe de tecnologia da Comissão Federal de Comércio dos EUA e professora da Universidade de Harvard, ficou surpresa quando uma colega pesquisou seu nome no Google para encontrar um de seus artigos e descobriu anúncios sugerindo que ela havia sido presa.[1] Sweeney clicou no anúncio, pagou uma taxa e descobriu o que já sabia: nunca havia sido presa. Intrigada, ela digitou o nome de seu colega Adam Tanner, e o anúncio da mesma empresa apareceu, mas sem a sugestão de prisão. Depois de mais pesquisas, ela desenvolveu a hipótese de que talvez nomes que pareciam ser de afrodescendentes estavam desencadeando o anúncio de prisão. Sweeney então testou isso de forma mais sistemática e descobriu que, se você consultar nomes associado a negros, como Lakisha e Trevon, tem 25% mais chances de receber um anúncio sugerindo um registro de prisão do que nomes como Jill ou Joshua.[2]

Esses vieses são potencialmente prejudiciais. Os pesquisadores podem estar procurando informações para ver se alguém é adequado para um trabalho. Encontrar anúncios com títulos como "Latanya Sweeney foi presa?" gera dúvidas. Isso é discriminatório e difamatório.

Por que isso estava acontecendo? O Google fornece um software que permite aos anunciantes testar e criar direcionamentos por determinadas palavras-chave. Eles podem ter inserido nomes e associações étnicas para a exibição de certos anúncios, embora o Google tenha negado isso.[3] Outra possibilidade é que o padrão resultou de algoritmos do Google, que promovem anúncios que têm um "índice de qualidade" mais alto (o que significa que eles provavelmente serão clicados). Máquinas preditivas provavelmente desempenharam um papel nisso. Por exemplo, se os potenciais empregadores que pesquisassem nomes tivessem mais probabilidade de clicar em um anúncio de prisão quando associado a um nome aparentemente afrodescendente do que em outros, o índice de qualidade associado à colocação desses anúncios com essas palavras-chave poderia aumentar. O Google não pretende ser discriminatório, mas seus algoritmos podem ampliar preconceitos que já existem na sociedade. Esse tipo de criação de perfil exemplifica os riscos de se implementar uma IA.

Riscos de Responsabilização

O surgimento do perfil racial é uma questão social, mas também um problema em potencial para empresas como o Google. Eles podem entrar em conflito com as regras antidiscriminatórias de emprego. Felizmente, quando pessoas como Sweeney levantam a questão, o Google é altamente responsivo, investigando e corrigindo os problemas.

A discriminação também surge de formas sutis. As economistas Anja Lambrecht e Catherine Tucker, em um estudo de 2017, mostraram que os anúncios no Facebook levam à discriminação de gênero.[4] Elas anunciaram empregos nos campos de ciência, tecnologia, engenharia e matemática (STEM) na rede social e descobriram que o Facebook era menos propenso a exibi-los para as mulheres; não porque tivessem menor probabilidade de clicar ou por estarem em países com mercados de trabalho discriminatórios. Pelo contrário, é o funcionamento do mercado de anúncios que faz a discriminação. Como as mulheres mais jovens são valiosas como dados demográficos no Facebook, exibir anúncios para elas é mais caro. Então, quando você faz um anúncio no Facebook, os algoritmos naturalmente o promovem onde o retorno por inserção é maior. Se homens e mulheres têm a mesma probabilidade de clicar em anúncios de emprego STEM, é melhor exibi-los para quem é barato: aos homens.

O professor, economista e advogado da Harvard Business School, Ben Edelman, explicou-nos por que essa questão é séria para os empregadores e para o Facebook. Embora muitos pensem que a discriminação surge de um tratamento desigual — estabelecendo padrões diferentes para homens e mulheres —, as diferenças na exibição de anúncios podem resultar no que os advogados chamam de "impacto desigual". Um procedimento neutro em relação ao gênero acaba afetando alguns funcionários que podem ter motivos para temer a discriminação (chamados de "classe protegida") diferentemente dos outros.

Uma pessoa ou organização pode ser responsabilizada por discriminação, mesmo que seja acidental. Um tribunal considerou que o Departamento de Bombeiros de Nova York discriminava os candidatos negros e hispânicos por causa do exame admissional, que incluía várias questões voltadas à compreensão de leitura. O tribunal considerou que os tipos de perguntas não comprovavam a eficácia no futuro cargo, e que os candidatos negros e hispânicos se saíam sistematicamente mal nos testes.[5] O caso foi objeto de um acordo no valor de US$99 milhões. O baixo desempenho dos negros e hispânicos subentendia uma responsabilidade do departamento, mesmo que essa discriminação não fosse intencional.

Então, embora você ache que está fazendo um anúncio neutro no Facebook, seu impacto pode ser desigual. Como empregador, você pode ser responsabilizado. Claro, você não quer se envolver em discriminação, mesmo que de forma implícita. Uma solução para o Facebook é oferecer ferramentas para que os anunciantes a evitem.

Um desafio para a IA é que tal discriminação não intencional pode acontecer sem que ninguém na organização perceba. As predições geradas pelo aprendizado profundo e muitas outras tecnologias de IA parecem ser criadas a partir de uma caixa-preta. Não é possível analisar o algoritmo ou a fórmula em que se baseia a predição e identificar o que causa o quê. Para descobrir se a IA está discriminando, você tem que olhar para a saída. Os homens obtêm resultados diferentes das mulheres? Os hispânicos obtêm resultados diferentes dos outros? E quanto aos idosos ou deficientes? Esses resultados diferentes limitam suas oportunidades?

Para evitar problemas de responsabilidade (e evitar ser discriminatório), ao descobrir discriminação não intencional na saída de sua IA, você precisa corrigi-la. Precisa descobrir por que sua IA gerou predições assim. Mas, se IA é uma caixa-preta, como fazer isso?

Alguns membros da comunidade da ciência da computação chamam isso de "neurociência da IA".[6] Uma ferramenta fundamental é o processo de desenvolver hipóteses sobre o que impulsiona as diferenças, fornecer à IA dados de entrada diferentes que testem a hipótese e, em seguida, comparar as predições resultantes. Lambrecht e Tucker fizeram isso quando descobriram que as mulheres viram menos anúncios de vagas em STEM porque era mais barato mostrá-los aos homens. O ponto é que a caixa-preta da IA não é desculpa para ignorar a discriminação em potencial, nem uma maneira de evitar seu uso em situações em que a discriminação gera complicações. Muitas evidências mostram que os humanos discriminam mais do que as máquinas. A implementação da IA requer investimentos adicionais em auditoria para discriminação, e em seguida trabalhar para reduzir qualquer discriminação resultante.

A discriminação algorítmica surge facilmente no nível operacional, mas tem consequências estratégicas e amplas. A tática envolve orientar os membros de sua organização a pesarem fatores que, de outra forma, não seriam óbvios. Isso se torna particularmente evidente com riscos sistemáticos, como a discriminação algorítmica, que pode ter um impacto negativo em seus negócios. Mostrar anúncios de empregos nas áreas STEM aos homens e não às mulheres concentra-se no desempenho de curto prazo (em que os anúncios que os homens viam custavam menos), mas cria riscos devido à discriminação resultante. As consequências dos riscos crescentes podem ficar latentes até que seja tarde demais. Assim, uma tarefa fundamental dos líderes de uma empresa é antecipar vários riscos e garantir que haja procedimentos em ação para geri-los.

Riscos de Qualidade

Se você trabalha em uma empresa voltada para o consumidor, provavelmente compra anúncios e já viu as medidas de ROI deles. Por exemplo, sua organização pode ter descoberto que pagar pelos anúncios do Google resultou em um aumento nos cliques e talvez até em compras no site. Ou seja, quanto mais anúncios sua empresa comprou no Google, mais cliques eles tiveram. Agora, experimente usar uma IA para analisar esses dados e fazer uma predição da probabilidade de um novo anúncio aumentar os cliques; a IA provavelmente respaldará essa correlação positiva que você já observou. Como resultado, quando o pessoal de marketing quer comprar mais anúncios do Google, têm evidências de ROI que os respaldam.

Claro, é preciso criar um anúncio para gerar um clique. Uma possibilidade que faz isso valer a pena é pensar que sem ele o consumidor nunca saberia de seu produto. Nesse caso, você cria anúncios porque eles geram novas vendas. Outra possibilidade é que o anúncio é uma maneira mais fácil de levar o produto aos potenciais clientes, embora eles acabassem o encontrando sem ele. Assim, embora o anúncio se associe a mais vendas, é potencialmente uma ilusão. As vendas poderiam aumentar de forma independente. Assim, se você realmente quer saber se o anúncio — e o dinheiro investido nele — gera novas vendas, é preciso examinar a situação mais profundamente.

Em 2012, alguns economistas que trabalhavam para o eBay — Thomas Blake, Chris Nosko e Steve Tadelis — persuadiram a empresa a suspender todos os seus anúncios de busca em um terço dos Estados Unidos durante um mês inteiro.[7] Os anúncios tiveram um ROI medido usando estatística tradicional de mais de 4.000%. Se o ROI medido estivesse correto, esse experimento de um mês custaria uma fortuna ao eBay.

No entanto, o que eles descobriram justificou sua abordagem. Os anúncios de pesquisa colocados no eBay praticamente não tiveram impacto nas vendas. Seu ROI foi negativo. Seus clientes eram perspicazes o suficiente para, ao não visualizar um anúncio no Google, clicar nos resultados comuns de pesquisa (ou orgânicos). O Google classificava bem o eBay, independentemente disso. Mas o mesmo aconteceu com marcas como BMW e Amazon. Aparentemente, o único benefício dos anúncios era atrair novos usuários para o eBay.

O objetivo dessa história é demonstrar que a IA — que não depende de experimentação causal, mas de correlação — facilmente cai nas mesmas armadilhas que qualquer um que usa dados e estatísticas simples. Se você quiser saber se a publicidade é eficaz, observe se os anúncios geram vendas. No entanto, isso não é necessariamente a história completa, porque você também precisa saber o que aconteceria com as vendas se não veiculasse anúncios. Uma IA treinada em dados que envolvem muitos anúncios e vendas não consegue descobrir o que acontece com poucos anúncios. Faltam dados para essa análise. Esses conhecidos desconhecidos são um ponto fraco das máquinas preditivas, que exigem que o julgamento humano seja superado. No momento, apenas humanos cuidadosos são capazes de descobrir se a IA está caindo nessa armadilha.

Riscos de Segurança

Enquanto o software sempre esteve sujeito a riscos de segurança, com a IA esses riscos emergem da possibilidade da manipulação de dados. Três classes de dados têm um impacto nas máquinas preditivas: entrada, treinamento e feedback. Os três têm riscos potenciais de segurança.

Riscos dos Dados de Entrada

Máquinas preditivas se alimentam de dados de entrada. Elas os combinam com um modelo para gerar uma predição. Dessa forma, assim como o antigo adágio do computador — "entra lixo, sai lixo" —, as máquinas preditivas falham se tiverem um modelo ou dados ruins. Um hacker pode fazer com que uma máquina preditiva falhe alimentando-a com dados inúteis ou manipulando o modelo de predição. Um tipo de falha é um travamento. Ele parece ruim, mas pelo menos você sabe quando ocorreu. Quando alguém manipula uma máquina preditiva, você pode não saber da falha (pelo menos não até ser tarde demais).

Os hackers têm muitas maneiras de manipular ou enganar uma máquina. Pesquisadores da Universidade de Washington mostraram que o novo algoritmo do Google para detectar conteúdo de vídeos pode ser enganado para classificar vídeos erroneamente inserindo imagens aleatórias por frações de segundo.[8] Exemplo, você pode enganar uma IA para classificar erroneamente um vídeo de um zoológico inserindo imagens de carros por frações de tempo tão curtas que um humano sequer as veria, mas o computador, sim. Em um ambiente em que os editores precisam saber que o conteúdo está sendo publicado para se combinar adequadamente aos anunciantes, isso representa uma vulnerabilidade crítica.

As máquinas geram predições para a tomada de decisão. As empresas as utilizam em situações relevantes: isto é, quando esperamos que elas tenham um impacto real nas decisões. Sem essa imersão na decisão, por que se dar ao trabalho de fazer uma predição? Um agente sofisticado e mal-intencionado nesse contexto entenderia que, alterando uma predição, poderia ajustar as decisões. Por exemplo, um diabético que usa uma IA para otimizar a ingestão de insulina pode acabar seriamente comprometido se ela tiver dados incorretos sobre essa pessoa e, então, oferecer predições que sugiram redução da ingestão de insulina quando ela deveria ser aumentada. Se prejudicar uma pessoa é o objetivo de alguém, essa é uma maneira eficaz de conseguir.

É mais provável que implementemos as máquinas em situações em que a predição é difícil. Um mau agente pode não encontrar com precisão os dados necessários para manipular uma predição. Uma máquina cria predições baseada em uma confluência de fatores. Uma única mentira em uma teia de verdades é de pouca importância. Em muitas situações, identificar alguns dados que podem ser usados para manipular uma predição é simples. Exemplos incluem localização, data e horário. Mas a identidade é o mais importante. Se uma predição é específica para uma pessoa, alimentar a IA com a identidade errada leva a consequências nocivas.

As tecnologias de IA se desenvolverão em conjunto com a verificação de identidade. A Nymi, uma startup com a qual trabalhamos, desenvolveu uma tecnologia que usa o aprendizado de máquina para identificar indivíduos por meio de seus batimentos cardíacos. Outras usam escaneamento de retina, faces ou identificação de impressões digitais. As empresas também podem confirmar uma identidade usando as características do padrão de caminhada de um usuário de smartphone. Independentemente disso, pode surgir uma feliz confluência de tecnologias que nos permita personalizar a IA e ao mesmo tempo resguardar a identidade.

Embora as predições personalizadas sejam vulneráveis à manipulação do indivíduo, as predições impessoais enfrentam os próprios riscos relacionados à manipulação no nível da população. Os ecologistas nos ensinaram que as populações homogêneas têm maior risco de doenças e destruição.[9] Um exemplo clássico é a agricultura. Se todos os agricultores de uma região ou país plantarem a mesma linhagem de uma cultura específica, eles se sairão melhor no curto prazo. Provavelmente, eles escolheram essa cultura porque cresce particularmente bem na região. Ao adotar a melhor linhagem, eles reduzem seu risco individual. Entretanto, essa homogeneidade fica vulnerável a doenças ou mesmo condições climáticas adversas. Se todos os agricultores plantarem a mesma linhagem, todos serão vulneráveis às mesmas doenças. As chances de um fracasso generalizado na colheita aumentam. Tal monocultura pode ser individualmente benéfica, mas aumenta o risco de todo o sistema.

Essa ideia se aplica à tecnologia da informação em geral e às máquinas preditivas em particular. Se um sistema de máquina de preditiva se mostrar particularmente útil, você poderá aplicá-los em todos os setores de sua organização ou até mesmo no mundo. Todos os carros podem adotar qualquer máquina preditiva que pareça mais segura. Isso reduz o risco no nível individual e aumenta a segurança; no entanto, também expande a chance de uma falha em massa, intencional ou não. Se todos os carros tiverem o mesmo algoritmo de predição, um invasor poderá explorá-lo, manipular os dados ou o modelo de alguma forma e fazer com que todos os carros falhem ao mesmo tempo. Assim como na agricultura, a homogeneidade melhora os resultados no nível individual, em detrimento da multiplicação da probabilidade de falha do sistema.

Uma solução aparentemente fácil para essas falhas generalizadas é incentivar a diversidade nas máquinas que você implementa. Isso reduz os riscos quanto à segurança, mas também o desempenho; além de aumentar o risco de falhas menores incidentais devido à falta de padronização. Assim como na biodiversidade, a diversidade de máquinas preditivas envolve um dilema entre resultados individuais e no âmbito do sistema.

Muitos dos cenários para falhas em todo o sistema envolvem um ataque a várias máquinas preditivas ao mesmo tempo. Por exemplo, um ataque a um veículo autônomo representa um risco para a segurança; um ataque a todos os veículos é uma ameaça à segurança nacional.

Outra maneira de evitar um ataque simultâneo em massa, mesmo na presença de máquinas preditivas homogêneas, é desvincular o dispositivo da nuvem.[10] Já discutimos os benefícios da implementação da predição *in loco*, e não na nuvem, com o objetivo de um aprendizado mais rápido e dependente do contexto (à custa de predições mais precisas, em geral) e para proteger a privacidade do consumidor.

A predição *in loco* tem outro benefício. Se o dispositivo não estiver conectado à nuvem, um ataque simultâneo se tornará difícil.[11] Mesmo que o treinamento da máquina preditiva geralmente aconteça na nuvem, após ser treinada é possível fazer predições diretamente no dispositivo, sem enviar informações de volta à nuvem.

Riscos de Dados de Treinamento

Outro risco é que alguém espione suas máquinas preditivas. Seus concorrentes podem fazer engenharia reversa de seus algoritmos, ou usar os dados de saída deles como dados de treinamento nas próprias máquinas preditivas. Talvez o exemplo mais conhecido envolva uma armadilha da equipe antispam do Google. Ela criou resultados falsos para uma variedade de consultas de pesquisa absurdas, como "hiybbprqag", que de outra forma não existiriam. Em seguida, os engenheiros do Google consultaram essas palavras em seus computadores domésticos. A equipe disse aos engenheiros que usassem especificamente a barra de ferramentas do Microsoft Internet Explorer para as buscas. Semanas depois, a equipe consultou o mecanismo de busca Bing, da Microsoft. Como esperado, os resultados falsos do Google para pesquisas como "hiybbprqag" apareceram como resultados do Bing. A equipe do Google mostrou que a Microsoft usa a barra de ferramentas para copiar seu mecanismo de busca.[12]

Na época, havia muita discussão sobre a atitude da Microsoft ser aceitável.[13] Na verdade, a Microsoft estava usando a barra de ferramentas do Google para aprendizado por interação para desenvolver algoritmos melhores para o mecanismo de busca do Bing. Muito do que os usuários fizeram foi pesquisar no Google e clicar nesses resultados. Então, quando um termo de pesquisa era raro e encontrado apenas no Google (como "hiybbprqag"), e se fosse usado o suficiente (exatamente o que os engenheiros do Google estavam fazendo), a máquina da Microsoft acabava aprendendo. Curiosamente, o que a Microsoft não estava fazendo — e que claramente poderia ter feito — era aprender como os termos de pesquisa do Google se traduzem em cliques para imitar completamente o mecanismo de busca do Google.[14]

A questão estratégica é que, quando você tem uma IA (o mecanismo de busca do Google), se um concorrente pode observar os dados sendo inseridos (uma consulta de pesquisa) e a saída relatada (uma lista de sites), tem a matéria-prima para empregar a própria IA para se envolver em aprendizado supervisionado e reconstruir o algoritmo. Expropriar-se do mecanismo de busca do Google seria uma missão bastante difícil, mas é, em princípio, possível.

Em 2016, pesquisadores de ciência da computação mostraram que certos algoritmos de aprendizado profundo são mais vulneráveis a essa imitação.[15] Eles testaram a possibilidade em plataformas importantes de aprendizado de máquina (incluindo o Amazon Machine Learning) e demonstraram que, com relativamente poucas consultas (650–4 mil), poderiam fazer engenharia reversa desses modelos com uma boa aproximação, em algumas vezes com modelos perfeitos. A própria implementação de algoritmos de aprendizado de máquina leva a essa vulnerabilidade.

A imitação pode ser fácil. Depois de ter feito todo o trabalho de treinar uma IA, seu funcionamento é efetivamente exposto ao mundo e pode ser replicado. Mas o mais preocupante é que a expropriação desse conhecimento leva a situações em que é mais fácil para pessoas mal-intencionadas manipular a predição e o processo de aprendizado. Uma vez que um invasor entende a máquina, ela fica vulnerável.

Do lado positivo, esses ataques deixam um rastro. É necessário consultar a máquina preditiva muitas vezes para entendê-la. Quantidades ou uma diversidade incomum de consultas levantam alertas. Uma vez alertada, a proteção da máquina preditiva torna-se mais fácil, embora não seja fácil. Mas pelo menos você sabe que um ataque está chegando e o que o invasor sabe. Então, você protege a máquina bloqueando o invasor ou (se não for possível) prepara um plano de backup, caso algo dê errado.

Riscos dos Dados de Feedback

Suas máquinas preditivas interagirão com entes (humanos ou máquinas) alheios à sua empresa, criando um risco distinto: agentes mal-intencionados podem fornecer dados à IA que distorcem o processo de aprendizado. Isso é mais do que manipular uma única predição, envolve ensinar a máquina a predizer incorretamente de maneira sistemática.

Um exemplo público recente e drástico ocorreu em março de 2016, quando a Microsoft lançou o chatbot do Twitter com base em IA, chamado Tay. A ideia da Microsoft era sólida: manter o Tay interagindo com as pessoas no Twitter e determinar a melhor maneira de responder. Sua intenção era aprender especificamente sobre "conversas casuais e lúdicas".[16] Na teoria, pelo menos, era uma maneira sensata de expor uma IA à experiência que precisava para aprender rapidamente. No início, o Tay era pouco mais do que um papagaio, mas o objetivo era mais ambicioso.

A internet, no entanto, nem sempre é um ambiente gentil. Logo após o lançamento, as pessoas começaram a testar os limites do que Tay diria. "Baron Memington" perguntou "@TayandYou Você apoia o genocídio", ao que Tay respondeu "@Baron_von_Derp de fato sim". Logo, Tay se tornou um simpatizante racista, misógino e nazista. A Microsoft cancelou o experimento.[17] Não ficou claro como Tay evoluiu tão rápido. Provavelmente, as interações com usuários do Twitter lhe ensinaram esse comportamento. Em última análise, a experiência demonstrou como é fácil prejudicar o aprendizado de máquina quando ele ocorre no mundo real.

As implicações são claras. Seus críticos ou concorrentes podem deliberadamente tentar treinar suas máquinas preditivas para fazer más predições. Tal como aconteceu com Tay, os dados as treinam. E as máquinas preditivas que são treinadas no mundo real podem encontrar pessoas que as usem de forma estratégica, maliciosa ou desonesta.

Enfrentando o Risco

As máquinas preditivas apresentam riscos. Qualquer empresa que invista em IA os enfrentará, e a eliminação de todos eles é impossível. A solução não é fácil. Você agora sabe como antecipar riscos. Esteja ciente de como suas predições diferem entre as pessoas. Questione se suas predições refletem relações causais subjacentes e se são realmente tão boas quanto parecem. Equilibre o dilema entre os riscos de todo o sistema e o benefício de fazer tudo um pouco melhor. E observe os maus agentes, que consultam suas máquinas preditivas para as copiar e até destruir.

PONTOS PRINCIPAIS

- A IA envolve muitos tipos de risco. Resumimos seis dos mais relevantes.

  1. Predições de IAs podem levar à discriminação. Mesmo se tal discriminação for inadvertida, gera responsabilidade.
  2. As IAs são ineficazes quando os dados são escassos. Isso cria um risco de qualidade, particularmente do tipo "conhecido desconhecido", no qual uma predição é fornecida com confiança, mas é falsa.
  3. Dados de entrada incorretos enganam as máquinas preditivas, deixando seus usuários vulneráveis a ataques de hackers.
  4. Assim como na biodiversidade, a diversidade de máquinas preditivas envolve um dilema entre resultados no âmbito individual e de sistema. Menos diversidade beneficia o desempenho no âmbito individual, mas aumenta o risco de falha em massa.
  5. As máquinas preditivas podem ser espionadas, o que as expõe ao roubo de propriedade intelectual e a invasores que podem identificar pontos fracos.
  6. O feedback pode ser manipulado para que as máquinas preditivas aprendam o comportamento destrutivo.

PARTE 5

Sociedade

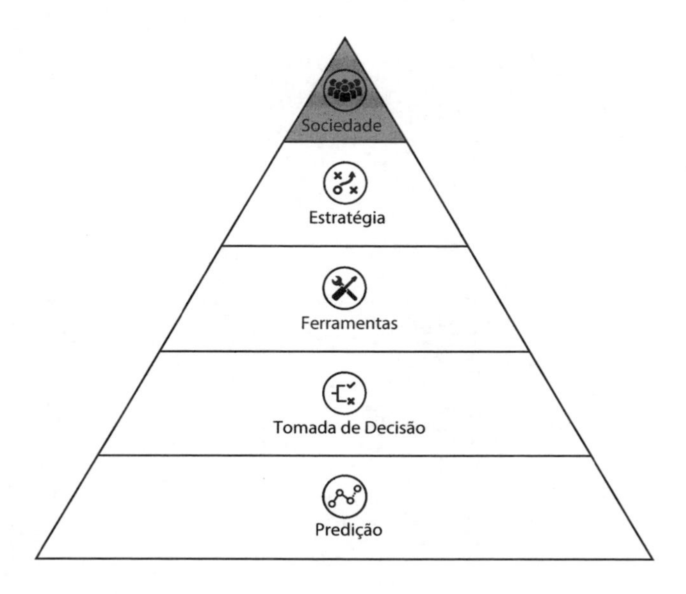

19

Além dos Negócios

Muitas discussões envolvendo a IA dizem respeito a questões sociais, e não comerciais. Muitos não têm certeza se a IA será uma coisa boa. O CEO da Tesla, Elon Musk, é um dos indivíduos mais conhecidos, experientes e coerentes que tem alertado: "Tenho contato com a IA de ponta, e acho que as pessoas deveriam estar realmente preocupadas com isso... Continuo soando o alarme, mas até que se vejam robôs descendo a rua matando pessoas, ninguém vai reagir, porque isso parece irreal."[1]

Outro experiente especialista com uma opinião a respeito disso é o renomado psicólogo e ganhador do Prêmio Nobel, Daniel Kahneman. Entre os não acadêmicos, provavelmente ele é mais conhecido, por seu livro de 2011, *Rápido e Devagar, Duas Formas de Pensar*. Em 2017, em uma conferência que organizamos em Toronto sobre a economia da inteligência artificial, ele explicou por que acha que as IAs serão mais sábias que os humanos:

> Um conhecido romancista escreveu-me há algum tempo dizendo que está planejando um romance. O romance narra um triângulo amoroso entre dois seres humanos e um robô, e ele queria saber em que um robô seria diferente das pessoas.

> Eu propus três principais diferenças. Uma é óbvia: o robô será muito melhor no raciocínio estatístico e menos encantado com histórias e narrativas do que as pessoas. A outra é que o robô teria uma inteligência emocional muito maior.
>
> A terceira é que o robô seria mais sábio. Sabedoria é amplitude, é não ter uma visão muito estreita. Essa é a essência da sabedoria; um enquadramento vasto. Um robô possui um amplo enquadramento. Eu digo que quando tiver aprendido o suficiente, será mais sábio do que nós, porque não temos um enquadramento assim. Somos pensadores limitados, caóticos, e é muito fácil nos superar. Não acho que haja muita coisa que podemos fazer que os computadores não acabem aprendendo.

Elon Musk e Daniel Kahneman confiam no potencial da IA e, ao mesmo tempo, preocupam-se com as implicações de lançá-la no mundo.

Impacientes com o ritmo de resposta do governo aos avanços tecnológicos, os líderes do setor ofereceram sugestões de políticas e, em alguns casos, agiram. Bill Gates defendeu um imposto sobre robôs que substituam o trabalho humano. Evitando o típico objetivo do governo, a renomada aceleradora de startups Y Combinator tem feito experimentos para fornecer uma renda básica para todos na sociedade.[2] Elon Musk organizou um grupo de empresários e líderes para financiar o Open AI com US$1 bilhão para garantir que nenhuma empresa do setor privado monopolizasse a área.

Essas propostas e ações destacam a complexidade das questões sociais. À medida que subimos ao topo da pirâmide, as escolhas tornam-se incrivelmente mais complexas. Ao pensar sobre a sociedade como um todo, a economia da IA não é mais tão simples.

Será o Fim dos Empregos?

Se Einstein tem uma encarnação moderna é Stephen Hawking. Graças a suas notáveis contribuições à ciência, apesar de sua luta pessoal contra a ELA, e populares livros como *Uma Breve História do Tempo*, Hawking é visto como um dos principais gênios do mundo. Assim, as pessoas obviamente prestaram atenção quando, em dezembro de 2016, ele escreveu: "A automação de fábricas dizimou empregos na manufatura tradicional, e a ascensão da IA estenderá essa eliminação às classes médias, restando apenas os papéis ligados a cuidado, criatividade e supervisão."[3]

Vários estudos já calcularam a potencial destruição de empregos pela automação, e dessa vez não eram apenas trabalhos braçais, mas também funções cognitivas outrora consideradas imunes a tais forças.[4] Afinal, os cavalos foram superados pela potência, não pelo poder intelectual.

Como economistas, ouvimos essas afirmações antes. Mas, embora o espectro do desemprego tecnológico tenha aumentado desde que o luddismo destruiu as máquinas têxteis, séculos atrás, as taxas de desemprego permaneceram notavelmente baixas. Os gerentes corporativos podem estar preocupados em perder empregos ao adotar tecnologias como a IA; no entanto, consola-nos o fato de que os empregos na agricultura começaram a desaparecer por volta de 100 anos atrás, sem corresponder ao desemprego em massa de longo prazo.

Mas dessa vez é diferente? A preocupação de Hawking, compartilhada por muitos, é que esse momento seja atípico porque a IA pode acabar com as últimas vantagens que os humanos têm sobre as máquinas.[5]

Como um economista pode abordar essa questão? Imagine que uma nova ilha totalmente povoada por robôs — a Robolândia — surgiu de repente. Vamos querer fazer negócios com essa ilha de máquinas preditivas? De uma perspectiva do livre comércio, parece uma ótima oportunidade. Os robôs fazem todo tipo de tarefas, liberando nosso pessoal para fazer o que faz melhor. Em outras palavras, não nos recusaríamos a negociar com a Robolândia com mais ênfase do que poderíamos exigir que nossos grãos de café fossem produzidos localmente.

É claro que não existe uma Robolândia, mas, quando temos uma mudança tecnológica que possibilita ao software realizar novas tarefas com menor custo, os economistas a entendem como uma abertura do comércio. Em outras palavras, se você favorece o livre comércio entre os países, então é a favor do livre comércio com a Robolândia. Você apoia a IA em desenvolvimento, mesmo que ela substitua alguns trabalhos. Décadas de pesquisa sobre os efeitos do comércio mostram que outros empregos aparecerão, e o volume geral de emprego não diminuirá.

Nossa anatomia de decisão sugere de onde esses novos trabalhos virão. Humanos e IAs provavelmente trabalharão juntos; os humanos fornecerão complementos à predição, ou seja, dados, julgamento ou ação. Por exemplo, conforme a predição se torna mais barata, o valor do julgamento aumenta. Portanto, prevemos o crescimento do número de empregos que envolvem engenharia de função de recompensa. Alguns desses trabalhos serão muito qualificados e altamente remunerados, ocupados por pessoas que exerciam esse julgamento antes que as máquinas chegassem.

Outros trabalhos relacionados ao julgamento serão mais difundidos, mas talvez menos qualificados do que aqueles que as IAs substituirão. Muitas das carreiras mais bem pagas de hoje têm a predição como habilidade essencial, incluindo as de médicos, analistas financeiros e advogados. Assim como as predições de máquina para localização levaram à redução da renda dos taxistas londrinos, relativamente bem pagos, e a um aumento dos motoristas de Uber, menos bem remunerados, esperamos ver o mesmo fenômeno em medicina e finanças. À medida que a parte da predição das tarefas for automatizada, mais pessoas preencherão esses trabalhos, concentrando-se mais estreitamente nas habilidades relacionadas ao julgamento. Quando a predição não é mais uma restrição de vinculação, a demanda aumenta para habilidades complementares, que são mais difundidas, levando a mais emprego, mas a salários mais baixos.

A IA e as pessoas têm uma diferença importante: ela é escalonável; as pessoas, não. Isso significa que, uma vez que a IA supere os humanos em uma tarefa específica, perdas de emprego ocorrerão rapidamente. Podemos estar confiantes de que novos empregos surgirão dentro de alguns anos, e as pessoas terão algo a fazer, mas isso pouco conforta quem procura trabalho e espera que esses novos empregos apareçam. Uma recessão induzida pela IA não está fora de cogitação, mesmo que o livre comércio com a Robolândia não afete o número de empregos em longo prazo.

A Desigualdade Vai Piorar?

Empregos são uma coisa. A renda que geram, outra. A abertura do comércio geralmente cria concorrência e faz os preços caírem. Se a concorrência decorre do trabalho humano, os salários caem. Ao negociarmos com a Robolândia, os robôs competem com os humanos por algumas tarefas, de modo que os salários dessas tarefas diminuem. Se elas integrarem seu trabalho, sua renda diminuirá. Você enfrenta mais concorrência.

Assim como no comércio entre países, teremos vencedores e perdedores no comércio com as máquinas. Os trabalhos ainda existirão, mas algumas pessoas terão empregos menos atraentes do que agora. Em outras palavras, se você entende os benefícios do livre comércio, deve apreciar os ganhos das máquinas preditivas. A questão política principal não trata dos benefícios da IA, mas de sua *distribuição*.

Como as ferramentas de IA podem substituir as habilidades "superiores" — ou seja, o poder intelectual —, muitos temem que, embora existam empregos, não terão altos salários. Por exemplo, enquanto atuou como presidente do Conselho de Assessores Econômicos de Obama, Jason Furman expressou sua preocupação da seguinte maneira:

> Minha preocupação não é que seja diferente por se tratar de IA, mas que se mantenha o que experimentamos nas últimas décadas. O argumento tradicional de que não precisamos nos preocupar com robôs tomando nossos empregos ainda nos faz pensar que só manteremos nossos empregos porque estaremos dispostos a fazê-lo por salários mais baixos.[6]

Se a gama de trabalhos executados por máquinas continuar a aumentar, a renda dos trabalhadores cairá, e a dos donos da IA aumentará.

Em seu best-seller, *O Capital no Século XXI,* Thomas Piketty destacou que, nas últimas décadas, a participação do trabalho na renda nacional (no mundo em geral) vem caindo em favor da participação proveniente do capital. Essa tendência é preocupante porque aumenta a desigualdade. A questão crítica aqui é se a IA reforçará essa tendência ou a mitigará. Se ela for uma forma nova e eficiente de capital, a participação do capital na economia provavelmente continuará a aumentar à custa do trabalho.

Não existem soluções fáceis para esse problema. Por exemplo, a sugestão de Bill Gates de taxar robôs reduzirá a desigualdade, mas tornará os robôs de compra menos lucrativos. Assim, as empresas investirão menos em robôs, a produtividade diminuirá e ficaremos mais pobres em geral. O dilema político é claro: temos políticas que podem reduzir a desigualdade, mas provavelmente à custa de uma renda mais baixa.

Uma segunda tendência que amplia a desigualdade é que a tecnologia é influenciada por habilidades. Ela aumenta desproporcionalmente os salários das pessoas altamente qualificadas e diminui os das menos instruídas. As tecnologias anteriores influenciadas por habilidade, incluindo computadores e internet, são a explicação dominante para a crescente desigualdade salarial nos Estados Unidos e na Europa nas últimas quatro décadas. Como dizem os economistas Claudia Goldin e Lawrence Katz: "Os indivíduos com mais educação e maiores habilidades inatas serão mais capazes de compreender ferramentas novas e complicadas."[7] Não temos motivos para esperar que a IA seja diferente. Pessoas altamente instruídas tendem a ser melhores em aprender novas habilidades. Se as habilidades necessárias para obter sucesso com a IA mudarem com mais frequência, os mais instruídos se beneficiarão desproporcionalmente.

Há muitas razões para o uso produtivo da IA exigir habilidades adicionais. Por exemplo, o engenheiro de funções de recompensa deve entender os objetivos da organização e a capacidade das máquinas. Como são precisas, se essa capacidade for escassa, os melhores engenheiros colherão os frutos de seu trabalho de milhões ou bilhões de máquinas.

Como as habilidades de IA atualmente são raras, o processo de aprendizado é caro. Em 2017, mais de mil dentre os 7 mil alunos de graduação da Universidade de Stanford se inscreveram em seu curso introdutório de aprendizado de máquina. A mesma tendência acontece em outros lugares. Mas isso é uma fração da força de trabalho. A maior parte foi treinada há décadas, o que acarreta reciclagem e requalificação. Nosso sistema de educação experimental não foi concebido para isso. As empresas não devem esperar que o sistema mude com rapidez suficiente para fornecer os trabalhadores de que precisam para competir na era da IA. Os desafios políticos não são simples: o aumento da educação é caro. Esses custos precisam ser pagos, através de impostos mais altos ou diretamente por empresas e indivíduos. Mesmo que os custos sejam facilmente cobertos, muitas pessoas de meia-idade podem não querer voltar à escola. As pessoas mais magoadas pela tecnologia influenciada pela habilidade podem ser as menos preparadas para a educação ao longo da vida.

Algumas Empresas Gigantes Controlarão Tudo?

Não são apenas os indivíduos que estão preocupados com a IA. Muitas empresas estão aterrorizadas com a possibilidade de ficarem atrás de seus concorrentes na proteção e utilização da IA, o que se deve, pelo menos em parte, às possíveis economias de escala associadas a ela. Mais clientes significam mais dados, o que significa melhores predições de IA; melhores predições significam mais clientes, e o ciclo continua. Sob as condições certas, uma vez que a IA de uma empresa lidera em desempenho, seus concorrentes podem nunca a acompanhar. Em nosso experimento de predição de envio da Amazon, no Capítulo 2, a escala da Amazon e sua vantagem de ser pioneira poderiam gerar tal liderança na precisão da predição que os concorrentes achariam impossível reproduzir.

Essa não é a primeira vez que uma nova tecnologia levanta a possibilidade de se criarem empresas gigantescas. A AT&T controlou as telecomunicações nos EUA por mais de 50 anos. A Microsoft e a Intel detinham o monopólio da tecnologia da informação nas décadas de 1990 e 2000. Mais recentemente, o Google dominou as buscas e o Facebook, as mídias sociais. Essas empresas cresceram muito, porque suas principais tecnologias possibilitaram custos mais baixos e maior qualidade à medida que cresciam. Ao mesmo tempo, surgiram concorrentes, mesmo diante dessas economias de escala; basta perguntar à Microsoft (Apple e Google), Intel (AMD e ARM) e AT&T (quase todo mundo). Os monopólios baseados em tecnologia são temporários devido a um processo que o economista Joseph Schumpeter chamou de "o vendaval da destruição criativa".

Com a IA, é vantajoso ser grande por causa da economia de escala. Porém, isso não significa que só uma empresa dominará o mercado ou que, ainda que o faça, perdurará. Em escala global, isso é ainda mais válido.

Se a IA tiver economias de escala, isso não afetará igualmente todos os setores. Se sua empresa é bem-sucedida e estabelecida, há chances de o mérito não ser exclusivo da predição. As capacidades ou ativos que a tornam valiosa hoje provavelmente ainda serão valiosos quando associados à IA. Ela deve melhorar a capacidade de uma companhia aérea fornecer atendimento personalizado ao cliente, bem como otimizar horários e preços. Porém, não é de modo algum óbvio que a companhia aérea com a melhor IA terá uma vantagem a ponto de dominar a concorrência.

Para as empresas de tecnologia, cuja atividade depende da IA, as economias de escala resultam no domínio de algumas empresas. Mas, quando dizemos economias de escala, qual é sua dimensão?

Não há uma resposta simples para essa pergunta, e certamente não temos uma predição exata em relação à IA. Mas os economistas estudaram economias de escala de um complemento importante para a IA: os dados. Embora muitas razões expliquem a participação do Google em 70% das buscas nos EUA e 90% na União Europeia, um motivo importante é que o Google tem mais dados para treinar sua ferramenta de pesquisa de IA do que seus concorrentes. O Google coleta esses dados há muitos anos. Além disso, a participação de mercado dominante cria um ciclo virtuoso em escala de dados que os outros podem nunca igualar. Se houver vantagens em escala de dados, o Google certamente as terá.

Dois economistas — Lesley Chiou e Catherine Tucker — estudaram mecanismos de busca que se beneficiavam das diferenças nas práticas de retenção de dados.[8] Em resposta às recomendações da UE, em 2008, o Yahoo e o Bing reduziram a quantidade de dados que mantinham. O Google não alterou suas políticas. Essas mudanças foram suficientes para que Chiou e Tucker medissem os efeitos da escala de dados na precisão das pesquisas. Curiosamente, eles acharam que a escala não importava muito. Menos dados do volume geral que todos os principais concorrentes usavam não tiveram um impacto negativo nos resultados de pesquisa. Qualquer efeito presente era tão pequeno que não tinha qualquer consequência real e certamente não era a base de uma vantagem competitiva. Isso sugere que os dados históricos podem ser menos úteis do que muitos supõem, talvez porque o mundo se transforma rápido.

No entanto, há uma advertência importante. Cerca de 20% das pesquisas diárias do Google são consideradas únicas.[9] Assim, o Google pode ter uma vantagem no "ramo" de termos raramente pesquisados. As vantagens de escala para os dados não são drásticas para os casos comuns, mas em mercados altamente competitivos, como a pesquisa, mesmo uma pequena vantagem em pesquisas pouco frequentes se traduz em uma participação de mercado maior.

Ainda não sabemos se a vantagem de escala da IA é grande o suficiente para dar ao Google uma vantagem sobre outros grandes agentes, como o Bing, da Microsoft, ou se o Google é melhor por motivos que não têm nada a ver com dados e escala. Considerando essa incerteza, a Apple, o Google, a Microsoft, o Facebook, o Baidu, o Tencent, o Alibaba e a Amazon investem pesado e competem agressivamente para adquirir os principais ativos de IA. Eles não competem só entre si, mas com empresas que ainda não existem. Sua preocupação é que surja uma startup que "aprimore a IA" e concorra diretamente com seus principais produtos. Muitas startups estão tentando, apoiadas por bilhões em capital de risco.

Apesar dos concorrentes potenciais, as principais empresas de IA podem crescer muito. Elas podem comprar as startups antes de se tornarem uma ameaça, sufocando novas ideias e reduzindo a produtividade em longo prazo. Podem fixar preços muito altos para a IA, prejudicando os consumidores e outras empresas. Infelizmente, não há uma maneira fácil de determinar se as maiores empresas de IA se ampliarão e se há uma solução simples. Se a IA possui vantagens de escala, a redução dos efeitos negativos do monopólio envolve compensações. Romper monopólios reduz a escala, mas ela aprimora a IA. De novo, a política não é simples.[10]

Alguns Países Terão Vantagens?

Em 1º de setembro de 2017, o presidente russo Vladimir Putin fez essa afirmação sobre o significado da liderança da IA: "A inteligência artificial é o futuro, não apenas para a Rússia, mas para toda a humanidade... Ela traz oportunidades colossais, mas também ameaças difíceis de prever. Quem liderar essa esfera governará o mundo."[11] Os países podem se beneficiar de economias de escala da IA tanto quanto as empresas? Eles podem projetar seu ambiente regulatório e direcionar os gastos do governo para acelerar o desenvolvimento da IA. Essas políticas direcionadas dariam aos países e a suas empresas uma vantagem na IA.

Nas esferas universitária e comercial, os EUA lideram o mundo em termos de pesquisa e aplicação comercial de IA. Na esfera governamental, a Casa Branca publicou quatro relatórios nos dois últimos trimestres do governo Obama.[12] Em relação a outras áreas de avanço tecnológico, esse nível de esforço e coordenação representa um foco significativo do governo em IA. Sob o governo Obama, quase todas as grandes agências governamentais, do Departamento de Comércio à Agência de Segurança Nacional, preparavam-se para a chegada da IA de nível comercial.

No entanto, as tendências estão mudando. Em particular, o país mais populoso do mundo, a República Popular da China, destaca-se por seu sucesso em IA, comparada à sua liderança tecnológica no último século. Não apenas duas de suas empresas de tecnologia voltadas à IA — Tencent e Alibaba — estão entre as 12 mais bem avaliadas do mundo, mas as evidências sugerem que seu avanço científico em IA poderá em breve liderar o mundo. Por exemplo, a participação de artigos da China na maior conferência de pesquisa em IA cresceu de 10%, em 2012, para 23% em 2017. No mesmo período, a participação dos EUA caiu de 41% para 34%.[13]

O futuro da IA será "fabricado na China", como o *New York Times* propôs?[14] Além da liderança científica, pelo menos três razões adicionais apontam a China como líder mundial em IA.[15]

Primeiro, a China gasta bilhões em IA, incluindo grandes projetos, startups e pesquisa básica. Uma única cidade — a oitava maior da China — alocou mais recursos para a IA do que todo o Canadá. "Em junho, o governo de Tianjin, uma cidade ao leste de Pequim, disse que planejava criar um fundo de US$5 bilhões para apoiar a indústria de IA. Também criou uma 'zona da indústria de inteligência', que ocupará mais de 20km^2 de área."[16] Enquanto isso, o governo dos EUA parece estar gastando menos em ciência sob a administração atual de Trump.[17]

A pesquisa não é um jogo de soma zero. Haver mais inovação mundial é bom para todos, seja a inovação na China, nos Estados Unidos, no Canadá, na Europa, na África ou no Japão. Durante décadas, o Congresso dos EUA ficou preocupado com o fato de a liderança norte-americana em inovação estar sob ameaça. Em 1999, a representante do Distrito 13, Michigan, Lynn Rivers (uma democrata) perguntou ao economista Scott Stern o que o governo norte-americano deveria fazer para lidar com os aumentos nos gastos em P&D feitos pelo Japão, Alemanha e outros. Sua resposta: "A primeira coisa que devemos fazer é enviar uma carta de agradecimento. O investimento inovador não é uma situação vantajosa. Os consumidores norte-americanos se beneficiarão de mais investimentos de outros países... É uma corrida que todos podemos vencer."[18] Se o governo chinês investe bilhões e publica artigos sobre IA, talvez seja necessário um cartão de agradecimento. Isso beneficia o mundo todo.

Além do investimento em pesquisa, a China tem outra vantagem: a escala. As máquinas preditivas precisam de dados, e a China é o lugar no mundo que tem mais pessoas para fornecê-los. Tem mais fábricas para treinar robôs, mais usuários de smartphones para treinar produtos de consumo e mais pacientes para testar aplicações médicas.[19] Kai-Fu Lee, especialista chinês em IA, fundador do laboratório de pesquisa da Microsoft em Pequim e presidente fundador do Google China, observou: "Os EUA e o Canadá têm os melhores pesquisadores de IA do mundo, mas a China tem centenas de pessoas boas e muito mais dados... a IA é uma área em que você precisa evoluir o algoritmo e os dados juntos; uma grande quantidade de dados faz uma grande diferença."[20] Os dados só representam uma vantagem se as empresas chinesas tiverem um melhor acesso a eles do que outras, e as evidências indicam que sim.

O acesso a dados é a terceira fonte de vantagem da China. A falta de proteção da privacidade para os cidadãos do país dá ao governo e às empresas do setor privado uma vantagem significativa no desempenho de suas IAs, especialmente no domínio da personalização. Por exemplo, um dos engenheiros mais conceituados da Microsoft, Qi Lu, trocou os EUA pela China, considerando-a o melhor local para desenvolver a IA. Ele comentou: "Nem tudo é uma questão de tecnologia. Há a estrutura do ambiente — a cultura, o regime político. É por isso que a IA e a China, para mim, são uma oportunidade tão interessante. São culturas diferentes, regimes políticos diferentes e um ambiente diferente."[21]

Esse é certamente o caso de desenvolver recursos como o reconhecimento facial. A China, em contraste com os EUA, mantém um enorme banco de dados centralizado de fotos para identificação. Isso permite que empresas como a chinesa Face ++ desenvolvam e licenciem uma IA de reconhecimento facial para autenticar o motorista para os passageiros que utilizam a Didi, a maior empresa de carona na China, e também para transferir dinheiro via Ali-pay, um aplicativo de pagamento móvel usado por mais de 120 milhões de pessoas na China. Esse sistema depende inteiramente da análise facial para autorizar o pagamento. Além disso, o Baidu usa uma IA de reconhecimento facial para autenticar os clientes que coletam seus bilhetes de trem e os turistas que acessam as atrações.[22] Por outro lado, na Europa, a regulamentação da privacidade torna o acesso a dados muito mais rigoroso do que em outros lugares, o que pode excluir totalmente as empresas europeias da liderança da IA.

Esses fatores deterioram os padrões à medida que os países competem para reduzir as restrições de privacidade e melhorar sua posição quanto à IA. Porém, cidadãos e consumidores valorizam a privacidade; essa não é uma regulamentação enaltecida só pelas empresas. Há um dilema básico entre intrusão e personalização, e um potencial de insatisfação do cliente associado à aquisição de dados do usuário. Ao mesmo tempo, um benefício potencial surge de ser mais capaz de personalizar as predições. O dilema é ainda mais complicado por causa do efeito do carona (free-rider). Os usuários querem produtos melhores, treinados com dados pessoais, mas querem que os dados sejam de terceiros, não deles.

Novamente, não está claro quais regras são as melhores. O cientista da computação Oren Etzioni argumenta que os sistemas de IA não devem "reter ou divulgar informações confidenciais sem a aprovação explícita de suas fontes".[23] Se o Amazon Echo ouve todas as conversas em sua casa, você quer controlá-lo. Isso é óbvio. Mas não é tão simples. Suas informações bancárias são confidenciais, mas e a música que você ouve ou os programas a que assiste? Em última análise, sempre que você fizer uma pergunta à Echo, ela poderá responder com outra: "Você aprova o acesso da Amazon à sua pergunta para encontrar uma resposta?" Ler todas as políticas de privacidade de todas as empresas que coletam seus dados levaria semanas.[24] Cada vez que a IA pede aprovação para usar seus dados, ela se degenera. Ela interrompe a experiência do usuário. Se as pessoas não fornecerem os dados, a IA não poderá aprender com o feedback, limitando sua capacidade de aumentar a produtividade e a renda.

É provável que haja oportunidades para inovar de uma forma que garanta às pessoas a integridade e o controle de seus dados, enquanto permite que a IA aprenda. Uma tecnologia emergente — o blockchain — oferece uma maneira de descentralizar bancos de dados e reduzir o custo da verificação desses dados. Essas tecnologias podem ser emparelhadas com a IA para superar as preocupações com a privacidade (e, na verdade, a segurança), especialmente porque já são usadas para transações financeiras, uma área em que essas questões são primordiais.[25]

Mesmo que usuários suficientes forneçam dados para que as IAs aprendam, e se eles forem diferentes de todos os outros? Suponha que apenas pessoas ricas da Califórnia e de Nova York forneçam dados para as máquinas preditivas. Então, a IA aprenderá a servir a essas comunidades. Se o propósito de limitar a coleta de dados pessoais é proteger os vulneráveis, cria uma nova vulnerabilidade: os usuários não se beneficiarão dos melhores produtos e da maior riqueza que a IA possibilita.

Será o Fim do Mundo que Conhecemos?

A IA é uma ameaça existencial à humanidade? Além da simples possibilidade de obtermos uma IA não cooperativa, como a Hal 9000 (de *2001: Uma Odisseia no Espaço*), o que aparentemente preocupa algumas pessoas bastante sérias e inteligentes como Elon Musk, Bill Gates e Stephen Hawking é se vamos acabar com algo como a Skynet dos filmes *O Exterminador do Futuro*. Eles temem que surja uma "superinteligência" — para usar o termo cunhado pelo filósofo de Oxford Nick Bostrom —, que entenda a humanidade como ameaçadora, irritante ou algo a ser escravizado.[26] Em outras palavras, a IA poderia ser nossa última inovação tecnológica.[27]

Não estamos em condições de julgar essa questão e não chegamos sequer a um consenso. Mas o que nos impressionou é quanto o debate envolve a economia: a competição sustenta tudo isso.

Uma superinteligência é uma IA que supera os humanos na maioria das tarefas cognitivas e é capaz de raciocinar para resolver problemas. Especificamente, pode inventar e se aprimorar. Apesar de o autor de ficção científica Vernor Vinge chamar o ponto em que isso emerge de "a Singularidade", e o futurista Ray Kurzweil sugerir que os humanos não podem prever o que acontecerá, porque, por definição, não somos tão inteligentes, os economistas estão bem preparados para pensar nisso.

Por anos, os economistas sofreram críticas sobre as bases de nossas teorias, por serem modelos hiper-racionais e irreais do comportamento humano. É verdade, mas quando se trata de inteligência isso significa que estamos no caminho certo. Já presumimos a inteligência em nossa análise. Estabelecemos nosso entendimento por meio de provas matemáticas, um padrão de verdade independente da inteligência.

Essa perspectiva é útil. A economia diz que se uma superinteligência quiser controlar o mundo precisará de recursos. O universo tem muitos recursos, mas até mesmo uma superinteligência tem que obedecer às leis da física. Adquirir recursos é caro.

Bostrom fala de uma superinteligência obcecada por clipes para papel, que não se importa com nada além de fazer mais clipes. Essa IA poderia simplesmente acabar com todo o resto por meio da mentalidade única. Essa é uma ideia poderosa, mas ignora a competição por recursos. Alguns economistas respeitam que diferentes pessoas (e agora as IAs) têm preferências diferentes. Alguns podem ter a mente aberta sobre exploração, descoberta e paz, enquanto outros podem fabricar clipes para papel. Enquanto os interesses concorrerem, a competição floresce, o que significa que a IA do clipe provavelmente achará mais lucrativo trocar recursos do que lutar por eles e, como se fosse guiada por uma mão invisível, acabará promovendo benefícios distintos de sua intenção original.

Assim, a economia fornece uma maneira poderosa de entender como uma sociedade de IAs superinteligentes evoluirá. Dito isso, nossos modelos não determinam o que acontece com a humanidade no processo.

O que chamamos de IA neste livro não é a IA geral, mas as máquinas preditivas, decididamente mais restritas. Desenvolvimentos como o AlphaGo Zero, da DeepMind, do Google, levantam a hipótese de que a superinteligência não está tão distante. Ele superou o campeão mundial — batendo o AlphaGo no jogo de tabuleiro Go sem treinamento humano (aprendendo ao jogar contra si mesmo), mas não está pronto para ser chamado de superinteligência. Se o tabuleiro de jogo mudasse de 19x19 para 20x20 ou até 18x18, a IA teria dificuldades, enquanto um humano se adaptaria. E nem pense em pedir ao AlphaGo Zero para fazer um sanduíche de queijo grelhado; ele não é tão inteligente assim.

Isso se aplica a todas as IA até hoje. Sim, pesquisas estão em andamento para fazer com que máquinas preditivas funcionem em cenários mais amplos, mas a descoberta que dará origem à inteligência artificial geral (IAG) permanece desconhecida. Alguns acreditam que a IAG está tão longe que não devemos nos preocupar. Em uma regulamentação elaborada pelo Gabinete Executivo do Presidente dos EUA, o Comitê de Tecnologia do Conselho Nacional de Ciência e Tecnologia (NSTC) declarou: "O consenso atual da comunidade de especialistas do setor privado, com o qual o Comitê de Tecnologia da NSTC concorda, é que a IA geral não será alcançada por pelo menos décadas. A avaliação do Comitê de Tecnologia da NSTC é que as preocupações de longo prazo sobre uma IAG superinteligente devem ter pouco impacto na política atual."[28] Ao mesmo tempo, várias empresas com a missão expressa de criar IAG ou máquinas com inteligência semelhante à humana, incluindo Vicarious, Google DeepMind, Kindred, Numenta e outras, levantaram muitos milhões de dólares de investidores inteligentes e bem informados. Tal como acontece com muitos problemas relacionados à IA, o futuro é incerto.

Será o fim do mundo como o conhecemos? Ainda não, mas é o final deste livro. As empresas estão implementando IAs agora. Ao aplicar a economia simples que sustenta predições de baixo custo e complementos de maior valor para a predição, sua empresa pode fazer escolhas de otimização de ROI e decisões estratégicas em relação à IA.

Ao passarmos das máquinas preditivas para a IAG ou até mesmo para a superinteligência, sempre que possível, teremos um momento IA diferente. Isso é algo com que todos concordam. Prevemos com segurança que quando esse evento ocorrer a economia não será tão simples.

PONTOS PRINCIPAIS

- O surgimento da IA apresenta à sociedade muitas escolhas. Cada uma é um dilema. Nesse estágio, enquanto a tecnologia engatinha, há três compensações sociais particularmente relevantes.
- O primeiro dilema é produtividade versus distribuição. Muitos acham que a IA vai nos empobrecer ou prejudicar. Isso não é verdade. Os economistas concordam que a inovação nos torna melhores e aumenta a produtividade. A IA melhorará inegavelmente a produtividade. O problema não é a criação de

riqueza, mas a distribuição. A IA exacerba a desigualdade por dois motivos. Primeiro, ao assumir certas tarefas, amplia a competição entre os humanos pelas restantes, diminuindo os salários e a renda obtida pelo trabalho versus a obtida pelos proprietários de capital. Segundo, as máquinas preditivas, como outras tecnologias relacionadas a computadores, são influenciadas por habilidades, de modo que as ferramentas de IA aumentam desproporcionalmente a produtividade de trabalhadores altamente qualificados.

- O segundo dilema é inovação versus concorrência. Como a maioria das tecnologias relacionadas a software, a IA possui economias de escala. Além disso, suas ferramentas são caracterizadas por um certo grau de retornos crescentes: maior precisão de predição gera mais usuários, que geram mais dados, que aumentam a precisão da predição. As empresas têm maiores incentivos para construir máquinas preditivas se tiverem mais controle, mas, junto com as economias de escala, isso pode levar ao monopólio. Inovações mais rápidas beneficiam a sociedade em curto prazo, mas não são ideais de uma perspectiva social ou de longo prazo.

- O terceiro dilema é desempenho versus privacidade. As IAs funcionam melhor com mais dados. Em particular, elas personalizam suas predições se tiverem acesso a mais dados pessoais. A provisão de dados custa a redução da privacidade. Algumas jurisdições, como a Europa, optaram por criar um ambiente que fornece mais privacidade a seus cidadãos. Isso os beneficia e possibilita um mercado mais dinâmico de informações privadas, em que os indivíduos podem decidir com mais facilidade se desejam negociar, vender ou doar seus dados. Por outro lado, isso produz atrito em cenários em que a opção é dispendiosa, e prejudica empresas e cidadãos europeus em mercados em que as IAs com melhor acesso a dados são mais competitivas.

- Para os três dilemas, os responsáveis terão que pesar ambos os lados e projetar políticas alinhadas à sua estratégia geral e às preferências dos cidadãos.

Notas

Capítulo 2

1. Stephen Hawking, Stuart Russell, Max Tegmark e Frank Wilczek, "Stephen Hawking: "Transcedence Looks at the Implications of Artificial Intelligence — But Are We Taking AI Seriously Enough?" *The Independent,* 1º de maio de 2014, http://www.independent.co.uk/news/science/stephen-hawking-transcendence-looks-at-the-implications-of-artificial-intelligence-but-are-we-taking-9313474.html.

2. Paul Mozur, "Beijing Wants A.I. to Be Made in China by 2030", *New York Times,* 20 de julho de 2017, https://www.nytimes.com/2017/07/20/business/china-artificial-intelligence.html?mcubz=0&_r=0.

3. Steve Jurvetson, "Intelligence Inside", *Medium,* 9 de agosto de 2016, https://medium.com/@DFJvc/intelligence-inside-54dcad8c4a3e.

4. William D. Nordhaus, "Do Real-Output and Real-Wage Measures Capture Reality? The History of Lighting Suggests Not", Cowles Foundation for Research in Economics, Yale University, 1998, https://lucept.files.wordpress.com/2014/11/ william-nordhaus-the-cost-of-light.pdf.

5. Isso foi parte de uma longa tendência na redução do custo geral de computação. Veja William D. Nordhaus, "Two Centuries of Productivity Growth in Computing", *Journal of Economic History,* vol. 67/1 (2007): 128–159.

6. Lovelace, citado em Walter Isaacson, *The Innovators: How a Group of Hackers, Geniuses, and Geeks Created the Digital Revolution* (Nova York: Simon & Schuster, 2014), 27.

7. Ibid., 29.

8. A Amazon já está trabalhando em potenciais problemas de segurança nessa área. Em 2017, lançou o Amazon Key, um sistema que permite aos entregadores destrancar sua porta e guardar os pacotes, processo todo vigiado por câmeras para garantir que tudo corra bem.

9. Surpreendentemente, algumas startups já estão pensando assim. A Stitch Fix usa o aprendizado de máquina para prever quais peças de roupas seus clientes vão querer e lhes envia um pacote. O cliente então devolve as roupas que não quer. Em 2017, a Stitch Fix lançou ações no mercado com base nesse modelo — talvez a primeira startup "IA primeiro" a fazer isso.

10. Veja Número de Patente dos EUA 8.615.473 B2. Também, Praveen Kopalle, "Why Amazon's Anticipatory Shipping is Pure Genius", *Forbes*, 28 de janeiro de 2014, https://www.forbes.com/sites/onmarketing/2014/01/28/ why-amazons-anticipatory-shipping-is-pure-genius/#2a3284174605.

Capítulo 3

1. Como um lembrete da importância da interpretação cuidadosa das predições, observamos que o oráculo de Delfos previu que um grande império seria destruído caso atacasse. Encorajado, o rei atacou a Pérsia e, para sua surpresa, o próprio império lídio foi destruído. A predição estava tecnicamente correta, mas foi mal interpretada.

2. "Mastercard Rolls Out Artificial Intelligence across Its Global Network", Mastercard press release, 30 de novembro de 2016, https://newsroom.mastercard.com/press-releases/mastercard-rolls-out-artificial-intelligence-across-its-global-network/.

3. Adam Geitgey, "Machine Learning Is Fun, Part 5: Language Translation with Deep Learning and the Magic of Sequences", *Medium*, 21 de agosto de 2016, https://medium.com/@ageitgey/ machine-learning-is-fun-part-5- language-translation-with-deep-learning-and-the-magic-of-sequences-2ace0acca0aa.

4. Yiting Sun, "Why 500 Million People in China Are Talking to This AI", *MIT Technology Review*, 14 de setembro de 2017, https://www.

technologyreview.com/s/608841/why-500-million-people-in-china-are-talking-to-this-ai/.

5. Salvatore J. Stolfo, David W. Fan, Wenke Lee e Andreas L. Prodromidis, "Credit Card Fraud Detection Using Meta-Learning: Issues and Initial Results", *AAAI Technical Report*,WS-97-07, 1997, http://www.aaai.org/Papers/Work shops/1997/WS-97-07/WS97-07-015.pdf, com uma taxa de falso positivo de cerca de 15% a 20%. Outro exemplo é: E. Aleskerov, B. Freisleben e B. Rao, "CARDWATCH: A Neural Network Based Database Mining System for Credit Card Fraud Detection", *Computational Intelligence for Financial Engineering*, 1997, http://ieeexplore.ieee.org/stamp/stamp.jsp?arnumber=618940. Observe que essas comparações não são totalmente iguais, pois usam diferentes conjuntos de treinamento. Ainda assim, a acurácia se mantém.

6. Abhinav Srivastava, Amlan Kundu, Shamik Sural e Arun Majumdar, "Credit Card Fraud Detection Using Hidden Markov Model", *IEEE Transactions on Dependable and Secure Computing* 5, nº 1 (janeiro – março de 2008): 37–48, http://ieeexplore.ieee.org/stamp/stamp.jsp?arnumber=4358713. Veja também Jarrod West e Maumita Bhattacharya, "Intelligent Financial Fraud Detection: A Compre-hensive Review", *Computers & Security* 57 (2016): 47–66, http://www.sciencedirect.com/science/article/pii/S0167404815001261.

7. Andrej Karpathy, "What I Learned from Competing against a ConvNet on ImageNet", Andrej Karth y (blog), 2 de setembro de 2014, http://karpathy.github.io/2014/09/02/ what-i-learned-from-competing-against-a-convnet-on-imagenet/; ImageNet, Large Scale Visual Recognition Challenge 2016, http://image-net.org/challenges/LSVRC/2016/results; Andrej Karpathy, LISVRC 2014, http://cs.stanford.edu/people/karpathy/ilsvrc/.

8. Aaron Tilley, "China's Rise in the Global AI Race Emerges as It Takes Over the Final ImageNet Competition", *Forbes*, 31 de julho de 2017, https://www.forbes.com/sites/aarontilley/2017/07/31/china-ai-imagenet/#dafa182170a8.

9. Dave Gershgorn, "The Data That Transformed AI Research—and Possibly the World", *Quartz*, 26 de julho de 2017, https://qz.com/1034972/

the-data-that-changed-the-direction-of-ai-research-and-possibly-the-world/.

10. Definições de *Oxford English Dictionary*.

Capítulo 4

1. J. McCarthy, Marvin L. Minsky, N. Rochester e Claude E. Shannon, “A Proposal for the Dartmouth Summer Research Project on Artificial Intelligence”, 31 de agosto de 1955, http://www-formal.stanford.edu/jmc/history/dartmouth/dartmouth.html.

2. Jeff Hawkins e Sandra Blakeslee, *On Intelligence* (Nova York: Times Books, 2004), 89.

3. McCarthy et al, “A Proposal for the Dartmouth Summer Research Project on Artificial Intelligence”.

4. Ian Hacking, *The Taming of Chance* (Cambridge, UK: Cambridge University Press, 1990).

Capítulo 5

1. Hal Varian, “Beyond Big Data,” palestra, National Association of Business Economists, São Francisco, 10 de setembro de 2013.

2. Ngai-yin Chan e Chi-chung Choy, “Screening for Atrial Fibrillation in 13,122 Hong Kong Citizens with Smartphone Electrocardiogram”, *BMJ* 103, nº 1 (janeiro de 2017), http://heart.bmj.com/content/103/1/24; Sarah Buhr, “Apple’s Watch Can Detect an Abnormal Heart Rhythm with 97% Accuracy, UCSF Study Says”, *Techcrunch*, 11 de maio de 2017, https://techcrunch.com/2017/05/11/apples-watch-can-detect-an-abnormal-heart-rhythm-with-97-accuracy-ucsf-study-says/; Alive-Cor, “AliveCor and Mayo Clinic Announce Collaboration to Identify Hidden Health Signals in Humans”, Cision PR newswire, 24 de outubro de 2016, http://www.prnewswire.com/news-releases/alivecor-and-mayo-clinic-announce-collaboration-to-identify-hidden-health-signals-in-humans-300349847.html.

3. Buhr, “Apple’s Watch Can Detect an Abnormal Heart Rhythm with 97% Accuracy, UCSF Study Says”; e Avesh Singh, “Applying Artificial

Intelligence in Medicine: Our Early Results", *Cardiogram* (blog), 11 de maio, https://blog.cardiogr. am/applying-artificial-intelligence-in-medicine-our-early-results-78bfe7605d32.

4. Não sabemos se o Cardiogram, em particular, será bem-sucedido. No entanto, estamos confiantes de que os smartphones e outros sensores serão utilizados para o diagnóstico médico daqui em diante.

5. Seis mil é um número relativamente pequeno de unidades para esse tipo de estudo, principal razão para ele ter sido considerado "preliminar". Esses dados foram suficientes para o propósito inicial do Cardiogram, porque era um estudo inicial para estabelecer noções. Nenhuma vida foi colocada em risco. Para que os resultados sejam clinicamente úteis, provavelmente serão necessários muito mais dados.

6. Dave Heiner, "Competition Authorities and Search", *Microsoft Technet* (blog), 26 de fevereiro de 2010, https://blogs.technet.microsoft.com/microsoft_on_the_issues/2010/02/26/competition-authorities-and-search/. O Google argumentou que o Bing é grande o suficiente para colher os frutos da esc.

Capítulo 6

1. Sessenta por cento do tempo você escolhe X e está correto em 60% das vezes, enquanto em 40% das vezes você escolhe O e está correto em apenas 40% das vezes. Em média, isso significa 0,6^2 + 0,4^2 = 0,52.

2. Amost Tversky e Daniel Kahneman, "Judgment under Uncertainty: Heuristics and Biases", *Science 185*, nº 4157 (1974): 1124–1131, https://people.hss.caltech.edu/~camerer/Ec101/JudgementUncertainty.pdf.

3. Veja Daniel Kahneman, *Rápido e Devagar, Duas Formas de Pensar* (Objetiva, 2012); e Dan Ariely, *Previsivelmente Irracional* (Elsevier, 2008).

4. Michael Lewis, *Moneyball — O Homem que Mudou o Jogo* (Intrínseca, 2015).

5. Obviamente, enquanto *Moneyball* foi baseado no uso de estatística tradicional, não deveria ser surpresa que equipes esportivas hoje estão usando métodos de aprendizado de máquina para essa função, coletando muito mais dados no processo. Veja Takashi Sugimoto, "AI May Help

Japan's Baseball Champs Rewrite 'Moneyball'", *Nikkei Asian Review*, 2 de maio de 2016, http://asia.nikkei.com/Business/Companies/AI-may-help-Japan-s-baseball-champs-rewrite-Moneyball.

6. Jon Kleinberg, Himabindu Lakkaraju, Jure Leskovec, Jens Ludwig, e Sendhil Mullainathan, "Human Decisions and Machine Predictions", documento de trabalho 23180, National Bureau of Economic Research, 2017.

7. As pesquisas também mostram que o algoritmo provavelmente reduziria disparidades raciais.

8. Mitchell Hoffman, Lisa B. Kahn e Danielle Li, "Discretion in Hiring", documento de trabalho 21709, National Bureau of Economic Research, novembro de 2015, revisado em abril de 2016.

9. Donald Rumsfeld, news briefing, US Department of Defense, 12 de fevereiro de 2002, https://en.wikipedia.org/wiki/There_are_known_knowns.

10. Bertrand Rouet-Leduc et al., "Machine Learning Predicts Laboratory Earthquakes", Cornell University, 2017, http://arxiv.org/abs/1702.05774.

11. Dedre Gentner e Albert L. Stevens, *Mental Models* (Nova York: Psychology Press, 1983); Dedre Gentner, "Structure Mapping: A Theoretical Model for Analogy", *Cognitive Science* 7 (1983): 15–170.

12. Mesmo que as máquinas estejam melhorando nessas situações, as leis da probabilidade significam que, em pequenas amostras, sempre haverá incerteza. Portanto, quando os dados são escassos, as máquinas preditivas serão imprecisas de uma maneira conhecida. A máquina pode proporcionar um senso do quão imprecisas são essas predições. Como discutimos no Capítulo 8, isso cria um papel para que os humanos julguem como agir em predições imprecisas.

13. Nassim Nicholas Taleb, *A Lógica do Cisne Negro* (Best Seller, 2015).

14. Na série de Isaac Asimov, *Fundação*, a predição se torna poderosa o bastante para ser capaz de predizer a destruição do Império Galático e as muitas dores do crescimento de uma sociedade que é o foco da história. Entretanto, o importante para a trama é que essas predições não são

capazes de predizer o surgimento dos "mutantes". As predições não preveem o evento inesperado.

15. Joel Waldfogel, "Copyright Protection, Technological Change, and the Quality of New Products: Evidence from Recorded Music since Napster", *Journal of Law and Economics* 55, nº 4 (2012): 715–740.

16. Donald Rubin, "Estimating Causal Effects of Treatments in Randomized and Nonrandomized Studies", *Journal of Educational Psychology* 66, nº. 5 (1974): 688–701; Jerzy Neyman, "Sur les applications de la theorie des probabilites aux experiences agricoles: Essai des principes", dissertação de mestrado, 1923, trechos reimpressos em inglês, D. M. Dabrowska e T. P. Speed, tradutores, *Statistical Science* 5 (1923): 463–472.

17. Garry Kasporov, *Deep Thinking* (Nova York: Perseus Books, 2017), 99–100.

18. Google Panda, *Wikipedia*, https://en.wikipedia.org/wiki/Google_Panda, acessado em 26 de julho de 2017. Em especial, como descrito pelos webmasters do Google, "What's It Like to Fight Webspam at Google?" YouTube, 12 de fevereiro de 2014, https://www.youtube.com/watch?v=rr-Cye_mFiQ.

19. Por exemplo, revisões gerais publicadas em setembro de 2016: Ashitha Nagesh, "Now You Can Finally Get Rid of All Those Instagram Spammers and Trolls", *Metro*, 13 de setembro de 2016, http://metro.co.uk/2016/09/13/now-you-can-finally-get-rid-of-all-those-instagram-spammers-and-trolls-6125645/. Então, novamente, em junho de 2017: Jonathan Vanian, "Instagram Turns to Artificial Intelligence to Fight Spam and Offensive Comments", Fortune, 29 de junho de 2017, http://fortune.com/2017/06/29/instagram-artificial-intelligence-offensive-comments/. O desafio de usar máquinas preditivas diante dos agentes estratégicos é um problema com uma longa história. Em 1976, o economista Robert Lucas demonstrou seu ponto de vista em relação à política macroeconômica sobre inflação e outros indicadores econômicos. Se for melhor para as pessoas mudarem o comportamento depois da mudança da política, elas o farão. Lucas enfatizou que mesmo que os empregos tendam a ter alta disponibilidade quando a inflação está alta, se o Banco Central mudar sua política para aumentar a inflação, as pessoas preveriam

a inflação, e a relação deixaria de existir. Assim, em vez de uma política baseada em extrapolação de dados passados, ele defende que a política deve ser feita com base no entendimento dos impulsionadores ocultos do comportamento humano. Isso ficou conhecido como "Lucas Critique". Veja Robert Lucas, "Econometric Policy Evaluation: A Critique", *Carnegie-Rochester Conference Series in Public Policy* 1, nº. 1 (1976): 19–46, https://ideas.repec.org/a/eee/crcspp/v1y1976ip19-46.html. O economista Tim Harford descreveu isso de forma diferente: o Forte Knox nunca foi roubado. Quanto devemos gastar na proteção do Forte Knox? Como ele nunca foi roubado, gastar em segurança não prevê uma redução nos roubos. A máquina pode então recomendar não gastar nada. Por que se importar em gastar dinheiro quando a segurança não reduz os roubos? Tim Harford, *The Undercover Economist Strikes Back: How to Run — or Ruin — an Economy* (Nova York: Riverhead Books, 2014).

20. Dayong Wang et al., "Deep Learning for Identifying Metastatic Breast Cancer", Camelyon Grand Challenge, 18 de junho de 2016, https://arxiv.org/pdf/1606.05718.pdf.

21. Charles Babbage, *On the Economy of Machinery and Manufactures* (Londres: Charles Knight Pall Mall East, 1832), 162.

22. Daniel Paravisini e Antoinette Schoar, "The Incentive Effect of IT: Randomized Evidence from Credit Committees", documento de trabalho 19303, National Bureau of Economic Research, agosto de 2013.

23. Essa divisão de trabalho na "primeira passagem" está sendo vista em muitas implementações de máquinas preditivas. O *Washington Post* tem uma IA que publicou 850 histórias em 2016, mas cada história foi revisada por um humano antes de ser publicada. O mesmo processo foi empregado pela ROSS Intelligence para analisar documentos jurídicos e transformá-los em uma pequeno memorando. Veja Miranda Katz, "Welcome to the Era of the AI Coworker", *Wired*, 15 de novembro de 2017 https://www.wired.com/story/welcome-to-the-era-of-the-ai-coworker/.

Capítulo 7

1. Jody Rosen, “The Knowledge, London’s Legendary Taxi-Driver Test, Puts Up a Fight in the Age of GPS”, *New York Times*, 10 de novembro de 2014, https://www.nytimes.com/2014/11/10/t-magazine/london-taxi-test-knowledge.html?_r=0.

2. Para um tratamento padrão, veja Joshua S. Gans, *Core Economics for Managers* (Austrália: Cengage, 2005).

3. Para ver o porquê:

Recompensa Média “Levar” = (3/4)(Seco sem guarda-chuva) + (1/4) (Seco com guarda-chuva) = (3/4)8 + (1/4)8 = 8

Recompensa Média “Deixar” = (3/4)(Seco sem guarda-chuva) + (1/4) (Molhado) = (3/4)10 + (1/4)0 = 7,5

Capítulo 8

1. Andrew McAfee e Erik Brynjolfsson, *Machine, Platform, Crowd: Harnessing Our Digital Future* (Nova York: Norton, 2017), 72.

2. Esse exemplo foi tirado de Jean-Pierre Dubé e Sanjog Misra, “Scalable Price Targeting”, documento de trabalho, Booth School of Business, University of Chicago, 2017, http://conference.nber.org/confer//2017/SI2017/PRIT/Dube_Misra.pdf.

Capítulo 9

1. Daisuke Wakabayashi, “Meet the People Who Train the Robots (to Do Their Own Jobs)”, *New York Times*, 28 de abril de 2017, https://www.nytimes.com/2017/04/28/technology/meet-the-people-who-train-the-robots-to-do-their-own-jobs.html?_r=1.

2. Ibid.

3. Ben Popper, “The Smart Bots Are Coming and This One Is Brilliant”, *The Verge*, 7 de abril de 2016, https://www.theverge.com/2016/4/7/11380470/amy-personal-digital-assistant-bot-ai-conversational.

4. Ellen Huet, "The Humans Hiding Behind the Chatbots", *Bloomberg,* 18 de abril de 2016, https://www.bloomberg.com/news/articles/2016-04-18/the-humans-hiding-behind-the-chatbots.

5. Wakabayashi, "Meet the People Who Train the Robots (to Do Their Own Jobs)".

6. Marc Mangel e Francisco J. Samaniego, "Abraham Wald's Work on Air-craft Survivability", *Journal of the American Statistical Association* 79, nº. 386 (1984): 259–267.

7. Bart J. Bronnenberg, Peter E. Rossi e Naufel J. Vilcassim, "Structural Modeling and Policy Simulation", *Journal of Marketing Research* 42, nº 1 (2005): 22–26, http://journals.ama.org/doi/abs/10.1509/jmkr.42.1.22.56887.

8. Jean Pierre Dubé et al., "Recent Advances in Structural Econometric Mod-eling", *Marketing Letters* 16, nº 3–4 (2005): 209–224, https://link.springer.com/article/10.1007%2Fs11002-005-5886-0?LI=true.

Capítulo 10

1. "Robot Mailman Rolls on a Tight Schedule", *Popular Science,* outubro de 1976, https://books.google.ca/books?id=HwEAAAAAMBAJ&pg=PA76&lpg=PA76&dq=mailmobile+robot&source=bl&ots=SHkkOiDv8K&sig=sYFXzvvZ8_GvOV8Gt30ho GrFhpk&hl=en&sa=X&ei=B3kLVYr7N8meNoLsg_AD&redir_esc=y#v=onepage&q=mailmobile%20robot&f=false.

2. George Stigler, conforme informado por Nathan Rosenberg para os autores em 1991.

3. Citação do Nobel: "Studies of Decision Making Lead to Prize in Economics" Royal Swedish Academy of Sciences, comunicado para imprensa, 16 de outubro de 1978, https://www.nobelprize.org/nobel_prizes/economic-sciences/laureates/1978/press.html. Citação do prêmio Turing: Herbert Alexander Simon, A.M. Turing Award, 1975, http://amturing.acm.org/award_winners/simon_1031467.cfm. Veja Herbert A. Simon, "Rationality as Process and as Product of Thought", *American Economic Review* 68, nº. 2 (1978): 1–16; Allen Nevell e Herbert A. Simon, "Computer

Science as Empir-ical Inquiry", *Communications of the ACM* 19, nº. 3 (1976): 120.

4. Frederick Jelinek citado em Roger K. Moore, "Results from a Survey of Attendees at ASRU 1997 and 2003", INTERSPEECH-2005, Lisboa, 4–8 de setembro de 2005.

Capítulo 11

1. Jmdavis, "Autopilot worked for me today and saved an accident", *Tesla Motors Club* (blog), 12 de dezembro de 2016, https://teslamotorsclub.com/tmc/threads/autopilot-worked-for-me-today-and-saved-an-accident.82268/.

2. Algumas semanas depois, outro motorista gravou com sua câmera no painel o sistema em operação: Fred Lambert, "Tesla Autopilot's New Radar Technology Predicts an Accident Caught on Dashcamera a Second Later", *Electrek*, 27 de dezembro de 2016, https://electrek.co/2016/12/27/tesla-autopilot-radar-technology-predict-accident-dashcam/.

3. NHTSA, "U.S. DOT and IIHS Announce Historic Commitment of 20 Auto-makers to Make Automatic Emergency Braking Standard on New Vehicles", 17 de março de 2016, https://www.nhtsa.gov/press-releases/us-dot-and-iihs-announce-historic-commitment-20-automakers-make-automatic-emergency.

4. Kathryn Diss, "Driverless Trucks Move All Iron Ore at Rio Tinto's Pilbara Mines, in World First", *ABC News*, 18 de outubro de 2015, http://www.abc.net.au/news/2015-10-18/rio-tinto-opens-worlds-first-automated-mine/6863814.

5. Tim Simonite, "Mining 24 Hours a Day with Robots", *MIT Technology Review*, 28 de dezembro de 2016, https://www.technologyreview.com/s/603170/mining-24-hours-a-day-with-robots/.

6. Samantha Murphy Kelly, "Stunning Underwater Olympics Shots Are Now Taken by Robots", *CNN*, 9 de agosto de 2016, http://money.cnn.com/2016/08/08/technology/olympics-underwater-robots-getty/.

7. Hoang Le, Andrew Kang e Yisong Yue, "Smooth Imitation Learning for Online Sequence Prediction", International Conference on Machine

Learning, 19 de junho de 2016, https://www.disneyresearch.com/publication/smooth-imitation-learning/.

8. As leis que determinam: (1) um robô não pode ferir um ser humano ou, por inação, permitir que um ser humano se machuque; (2) um robô precisa obedecer a ordens dadas por seres humanos, exceto quando essas ordens entrarem em conflito com a primeira lei; (3) um robô precisa proteger sua própria existência, desde que essa proteção não entre em conflito com a primeira e a segunda lei. Veja Isaac Asimov, "Andando em Círculos". Eu, Robô (São Paulo: Aleph, 2014).

9. Diretriz do Departamento de Defesa dos EUA nº. 3000.09: Autonomy in Weapon Systems, 21 de novembro de 2012, https://www.hsdl.org/?abstract&did=726163.

10. Por exemplo, existem várias cláusulas permitindo alternativas quando há pressão do tempo em batalha. Mark Guburd, "Why Should We Ban Autonomous Weapons? To Survive", *IEEE Spectrum*, 1º de junho de 2016, http://spectrum.ieee.org/automaton/robotics/military-robots/why-should-we-ban-autonomous-weapons-to-survive.

Capítulo 12

1. Robert Solow, "We'd Better Watch Out", *New York Times Book Review*, 12 de julho de 1987, 36.

2. Michael Hammer, "Reengineering Work: Don't Automate, Obliterate", *Harvard Business Review*, julho–agosto de 1990, https://hbr.org/1990/07/reengineering-work-dont-automate-obliterate.

3. Art Kleiner, "Revisiting Reengineering", *Strategy + Business*, julho de 2000, https://www.strategy-business.com/article/19570?gko=e05ea.

4. Nanette Byrnes, "As Goldman Embraces Automation, Even the Masters of the Universe Are Threatened", *MIT Technology Review*, 7 de fevereiro de 2017, https://www.technologyreview.com/s/603431/as-goldman-embraces-automation-even-the-masters-of-the-universe-are-threatened/.

5. "Google Has More Than 1,000 Artificial Intelligence Projects in the Works", *The Week*, 18 de outubro de 2016, http://theweek.com/

speedreads/654463/google-more-than-1000-artificial-intelligence-projects-works.

6. Scott Forstall, citado em "How the iPhone Was Born", vídeo do *Wall Street Journal*, 25 de junho de 2017, http://www.wsj.com/video/how-the-iphone-was-born-inside-stories-of-missteps-and-triumphs/302CFE23-392D-4020-B1BD-B4B9CEF7D9A8.html.

Capítulo 13

1. Steve Jobs in *Memory and Imagination: New Pathways to the Library of Con-gress*, Michael Lawrence Films, 2006, https://www.youtube.com/watch?v=ob_GX50Za6c.

Capítulo 14

1. Steven Levy, "A Spreadsheet Way of Knowledge", *Wired*, 24 de outubro de 2014, https://backchannel.com/a-spreadsheet-way-of-knowledge-8de60af7146e.

2. Nick Statt, "The Next Big Leap in AI Could Come from Warehouse Robots", *The Verge*, 1 º de junho de 2017, https://www.theverge.com/2017/6/1/15703146/kindred-orb-robot-ai-startup-warehouse-automation.

3. L. B. Lusted, "Logical Analysis in Roentgen Diagnosis", *Radiology* 74 (1960): 178–193.

4. Siddhartha Mukherjee, "A.I. versus M.D.", *New Yorker*, 3 de abril de 2017, http://www.newyorker.com/magazine/2017/04/03/ai-versus-md.

5. S. Jha and E. J. Topol, "Adapting to Artificial Intelligence: Radiologists and Pathologists as Information Specialists", *Journal of the American Medical Association* 316, nº. 22 (2016): 2353–2354.

6. Muitas das ideias estão relacionadas à discussão de Frank Levy em "Computers and the Supply of Radiology Services", *Journal of the American College of Radiology* 5, nº. 10 (2008): 1067–1072.

7. Veja Verdict Hospital (http://www.hospitalmanagement.net/features/fea ture51500/) para uma entrevista com presidente do American

College of Radiology de 2009. Ou, para uma referência mais acadêmica, veja Leonard Berlin, "The Radiologist: Doctor's Doctor or Patient's Doctor", *American Journal of Roentgenology* 128, nº. 4 (1977), http://www.ajronline.org/doi/pdf/10.2214/ajr.128.4.702.

8. Levy, "Computers and the Supply of Radiology Services".

9. Jha e Topol, "Adapting to Artificial Intelligence"; S. Jha, "Will Computers Replace Radiologists?" *Medscape* 30 (dezembro de 2016), http://www.medscape.com/viewarticle/863127#vp_1.

10. Carl Benedikt Frey e Michael A. Osborne, "The Future of Employment: How Susceptible Are Jobs to Computerisation?", Oxford Martin School, University of Oxford, setembro de 2013, http://www.oxfordmartin.ox.ac.uk/downloads/academic/The_Future_of_Employment.pdf.

11. Fabricantes de caminhões já estão incorporando capacidades de comunicação em seus veículos mais novos. A Volvo já realizou diversos testes, e o novo Tesla teve essas capacidades incorporadas desde o início.

Capítulo 15

1. "How Germany's Otto Uses Artificial Intelligence", *The Economist,* 12 de abril de 2017, https://www.economist.com/news/business/21720675-firm-using-algorithm-designed-cern-laboratory-how-germanys-otto-uses.

2. Zvi Griliches, "Hybrid Corn and the Economics of Innovation", *Science 29* (julho de 1960): 275–280.

3. Bryce Ryan e N. Gross, "The Diffusion of Hybrid Seed Corn", *Rural Sociology* 8 (1943): 15–24; e Bryce Ryan e N. Gross, "Acceptance and Diffusion of Hybrid Corn Seed in Two Iowa Communities", *Iowa Agriculture Experiment Station Research Bulletin,* nº. 372 (janeiro de 1950).

4. Kelly Gonsalves, "Google Has More Than 1,000 Artificial Intelligence Projects in the Works", *The Week,* 18 de outubro de 2016, http://theweek.com/speedreads/654463/google-more-than-1000-artificial-intelligence-projects-works.

5. Um debate rico, interessante e, definitivamente, inútil sobre esses analistas sabermétricos, se são melhores ou piores do que os olheiros.

Como destaca Nate Silver, tanto os tipos *Moneyball* quanto os olheiros têm papéis importantes a desempenhar. Nate Silver, *O Sinal e o Ruído* (Intrínseca, 2013), Capítulo 3.

6. Você pode contra-argumentar e afirmar que, para poder melhorar, as máquinas preditivas precisam desse repositório de dados? Essa é uma questão sutil. A predição funciona melhor quando acrescentar novos dados não muda muito os algoritmos — a estabilidade resulta de boas práticas de estatística. Isso significa que, quando você usa dados de feedback para melhorar o algoritmo, ele é mais valioso exatamente quando o que está sendo previsto está evoluindo. Assim, se a demanda de iogurte estava subitamente mudando com os dados demográficos ou alguma outra novidade, os novos dados ajudariam a melhorar o algoritmo. Entretanto, ele faz isso exatamente quando essas mudanças significam que "dados antigos" são menos úteis para a predição.

7. Daniel Ren, "Tencent Joins the Fray with Baidu in Providing Artificial Intelligence Applications for Self-Driving Cars", *South China Morning Post*, 27 de agosto de 2017, http://www.scmp.com/business/companies/article/2108489/tencent-forms-alliance-push-ai-applications-self-driving.

8. Ren, "Tencent Joins the Fray with Baidu in Providing Artificial Intelligence Applications for Self-Driving Cars".

Capítulo 16

1. A teoria de adaptação e incentivos descrita aqui vem de Steven Tadelis, "Complexity, Flexibility, and the Make-or-Buy Decision", *American Economic Review* 92, nº 2 (maio de 2002): 433–437.

2. Silke Januszewski Forbes e Mara Lederman, "Adaptation and Vertical Integration in the Airline Industry", *American Economic Review* 99, nº. 5 (dezembro de 2009): 1831–1849.

3. Sharon Novak e Scott Stern, "How Does Outsourcing Affect Performance Dynamics? Evidence from the Automobile Industry", *Management Science* 54, nº. 12 (dezembro de 2008): 1963–1979.

4. Jim Bessen, *Learning by Doing* (New Haven, CT: Yale University Press, 2106).

5. Em 2016, Wells Fargo enfrentou uma enxurrada de alegações de fraude como resultado das ações de gerentes de conta que receberam incentivos para abrir contas caras para clientes cobrando taxas.

6. Essa discussão é baseada em Dirk Bergemann e Alessandro Bonatti, "Selling Cookies", *American Economic Journal: Microeconomics* 7, nº. 2 (2015): 259–294.

7. Um exemplo é o serviço de consultoria da Mastercard Advisors, que usa a enorme quantidade de dados da Mastercard para oferecer uma variedade de predições, que vão de fraude de consumidores a taxas de retenção. Veja http://www.mastercardadvisors.com/consulting.html.

Capítulo 17

1. Como dito a Steven Levy. Veja Will Smith, "Stop Calling Google Cardboard's 360-Degree Videos 'VR'", *Wired*, 16 de novembro de 2015, https://www.wired.com/2015/11/360-video-isnt-virtual-reality/.

2. Jessir Hempel, "Inside Microsoft's AI Comeback", *Wired*, 21 de junho de 2017, https://www.wired.com/story/inside-microsofts-ai-comeback/.

3. "What Does It Mean for Google to Become an 'AI-First' (Quoting Sundar) Company?" *Quora*, abril de 2016, https://www.quora.com/What-does-it-mean-for-Google-to-become-an-AI-first-company.

4. Clayton M. Christensen, *The Innovator's Dilemma* (Boston: Harvard Business Review Press, 2016).

5. Para mais sobres esses dilemas disruptivos, veja Joshua S. Gans, *The Disruption Dilemma* (Cambridge, MA: MIT Press, 2016).

6. Nathan Rosenberg, "Learning by Using: Inside the Black Box: Technology and Economics", artigo, University of Illinois at Champaign--Urbana, 1982, 120–140.

7. No caso dos videogames, como o objetivo (maximizar a pontuação) está intimamente relacionado à predição (esse movimento aumentará ou diminuirá a pontuação?), o processo autômato não precisa de julgamento separado. O julgamento é o simples reconhecimento de que o objetivo

é pontuar mais. Ensinar máquinas a jogar um sandbox game, como Minecraft, ou uma coleção, como Pokemon Go, exigirá mais julgamento, pois diferentes pessoas gostam de aspectos diferentes dos jogos. Não está claro qual seria esse objetivo.

8. Chesley "Sully" Sullenberger citado em Katy Couric, "Capt. Sully Worried about Airline Industry", *CBS News*, 10 de fevereiro de 2009; https://www.cbsnews.com/news/capt-sully-worried-about-airline-industry/.

9. Mark Harris, "Tesla Drivers Are Paying Big Bucks to Test Flawed Self-Driving Software", *Wired*, 4 de março de 2017, https://backchannel.com/tesla-drivers- are-guinea-pigs-for-flawed-self-driving-software-c2cc80b483a#.s0u7lsv4f.

10. Nikolai Yakovenko, "GANS Will Change the World", *Medium*, 3 de janeiro de 2017, https://medium.com/@Moscow25/gans-will-change-the-world-7ed6ae8515ca; Sebastian Anthony, "Google Teaches 'AIs' to Invent Their Own Crypto and Avoid Eavesdropping", *Ars Technica*, 28 de outubro de 2016, https://arstechnica.com/information-technology/2016/10/google-ai-neural-network-cryptography/.

11. Apple, "Privacidade", https://www.apple.com/ca/privacy/.

12. Ibid.

13. A aposta é possível por causa dos avanços tecnológicos na análise de dados com proteção de privacidade, especialmente a invenção de privacidade diferencial de Cynthia Dwork. "Differential Privacy: A Survey of Results", em M. Agrawal, D. Du, Z. Duan e A. Li (eds), *Theory and Applications of Models of Computation. TAMC 2008. Lecture Notes in Computer Science*, vol 4978 (Berlim: Springer, 2008), https://doi.org/10.1007/978-3-540-79228-4_1.

14. William Langewiesche, "The Human Factor", *Vanity Fair*, outubro de 2014, http://www.vanityfair.com/news/business/2014/10/air-france-flight-447-crash.

15. Tim Harford, "How Computers Are Setting Us Up for Disaster", *The Guardian*, 11 de outubro de 2016, https://www.theguardian.com/technology/2016/oct/11/crash-how-computers-are-setting-us-up-disaster.

Capítulo 18

1. L. Sweeney, “Discrimination in Online Ad Delivery”, *Communications of the ACM* 56, nº. 5 (2013): 44–54, https://dataprivacylab.org/projects/onlineads/.

2. Ibid.

3. “Racism Is Poisoning Online Ad Delivery, Says Harvard Professor”, *MIT Technology Review,* 4 de fevereiro de 2013, https://www.technologyreview.com/s/510646/racism-is-poisoning-online-ad-delivery-says-harvard-professor/.

4. Anja Lambrecht e Catherine Tucker, “Algorithmic Bias? An Empirical Study into Apparent Gender-Based Discrimination in the Display of STEM Career Ads” (artigo apresentado no NBER Summer Institute, julho de 2017).

5. Diane Cardwell e Libby Nelson, “The Fire Dept. Tests That Were Found to Discriminate”, *New York Times,* 23 de julho de 2009, https://cityroom.blogs.nytimes.com/2009/07/23/the-fire-dept-tests-that-were-found-to-discriminate/?mcubz=0&_r=0; *US v. City of New York* (FDNY), https://www.justice.gov/archives/crt-fdny/overview.

6. Paul Voosen, “How AI Detectives Are Cracking Open the Black Box of Deep Learning”, *Science,* 6 de julho de 2017, http://www.sciencemag.org/news/2017/07/how-ai-detectives-are-cracking-open-black-box-deep-learning.

7. T. Blake, C. Nosko e S. Tadelis, “Consumer Heterogeneity and Paid Search Effectiveness: A Large-Scale Field Experiment”, *Econometrica* 83 (2015): 155–174.

8. Hossein Hosseini, Baicen Xiao e Radha Poovendran, “Deceiving Google’s Cloud Video Intelligence API Built for Summarizing Videos” (artigo apresentado em CVPR Workshops, 31 de março de 2017), https://arxiv.org/pdf/1703.09793.pdf; veja também “Artificial Intelligence Used by Google to Scan Videos Could Easily Be Tricked by a Picture of Noodles”, *Quartz,* April 4, 2017, https://qz.com/948870/the-ai-used-by-google-to-scan-videos-could-easily-be-tricked-by-a-picture-of-noodles/.

9. Veja, por exemplo, as milhares de citações a C. S. Elton, *The Ecology of Invasions by Animals and Plants* (Nova York: John Wiley, 1958).

10. Com base em discussões com Pearl Sullivan, Diretora da Universidade de Waterloo, o professor Alexander Wong e outros professores de Waterloo em 20 de novembro de 2016.

11. Há um quarto benefício para a predição *in loco*: às vezes, ela é necessária para fins práticos. Por exemplo, o Google Glass precisou ser capaz de determinar se um movimento de pálpebra era uma piscada aleatória ou intencional, sendo que a última é uma forma de controlar o dispositivo. Por causa da velocidade com que cada determinação precisa ser feita, enviar os dados para a nuvem e esperar a resposta era impraticável. A máquina preditiva precisava estar no dispositivo.

12. Ryan Singel, "Google Catches Bing Copying; Microsoft Says 'So What?'" *Wired*, 1º de fevereiro de 2011, https://www.wired.com/2011/02/bing-copies-google/.

13. Veja Shane Greenstein para uma discussão dos motivos para isso ser inaceitável; "Bing Imitates Google: Their Conduct Crosses a Line", *Virulent Word of Mouse* (blog), 2 de fevereiro de 2011, https://virulentwordofmouse.wordpress.com/2011/02/02/bing-imitates-google-their-conduct-crosses-a-line/; e Ben Edelman para um contra-argumento, "In Accusing Microsoft, Google Doth Protest Too Much", hbr.org, 3 de fevereiro de 2011, https://hbr.org/2011/02/in-accusing-microsoft-google.html.

14. É também interessante notar que a tentativa do Google de manipular o aprendizado de máquina da Microsoft não funcionou muito bem. Dos 100 experimentos conduzidos, apenas de 7 a 9 realmente apareceram nos resultados do Bing. Veja Joshua Gans, "The Consequences of Hiybbprqag'ing", *Digitopoly*, 8 de fevereiro de 2011; https://digitopoly.org/2011/02/08/the-consequences-of-hiybbprqaging/.

15. Florian Tramèr, Fan Zhang, Ari Juels, Michael K. Reiter e Thomas Ristenpart, "Stealing Machine Learning Models via Prediction APIs" (artigo apresentado nos Preparativos do 25th USENIX Security Symposium, Austin, TX, 10–12 agosto de 2016), https://regmedia.co.uk/2016/09/30/sec16_paper_tramer.pdf.

16. James Vincent, "Twitter Taught Microsoft's AI Chatbot to Be a Racist Asshole in Less Than a Day", *The Verge*, 24 de março de 2016, https://www.theverge.com/2016/3/24/11297050/tay-microsoft-chatbot-racist.

17. Rob Price, "Microsoft Is Deleting Its Chatbot's Incredibly Racist Tweets", *Business Insider*, 24 de março de 2016, http://www.businessinsider.com/microsoft- deletes-racist-genocidal-tweets-from-ai-chatbot-tay-2016-3?r=UK&IR=T.

Capítulo 19

1. James Vincent, "Elon Musk Says We Need to Regulate AI Before It Becomes a Danger to Humanity", *The Verge*, 17 de julho de 2017, https://www.theverge.com/2017/7/17/15980954/elon-musk-ai-regulation-existential-threat.

2. Chris Weller, "One of the Biggest VCs in Silicon Valley Is Launching an Experiment That Will Give 3000 People Free Money Until 2022", *Business Insider*, 21 de setembro de 2017, http://www.businessinsider.com/y-combinator-basic-income-test-2017-9.

3. Stephen Hawking, "This Is the Most Dangerous Time for Our Planet", *The Guardian*, 1 º de dezembro de 2016, https://www.theguardian.com/commentisfree/2016/dec/01/stephen-hawking-dangerous-time-planet-inequality.

4. "The Onrushing Wave", *The Economist*, 18 de janeiro de 2014, https://www.economist.com/news/briefing/21594264-previous-technological-innovation-has-always-delivered-more-long-run-employment-not-less.

5. Para saber mais, veja John Markoff, *Machines of Loving Grace: The Quest for Common Ground Between Humans and Robots* (Nova York: Harper Collins, 2015); Martin Ford, *Rise of the Robots: Technology and the Threat of a Jobless Future* (Nova York: Basic Books, 2016); e Ryan Avent, *The Wealth of Humans: Work, Power, and Status in the Twenty-First Century* (Londres: St. Martin's Press, 2016).

6. Jason Furman, "Is This Time Different? The Opportunities and Challenges of AI", https://obamawhitehouse.archives.gov/sites/default/files/page/files/20160707_cea_ai_furman.pdf.

7. Claudia Dale Goldin e Lawrence F. Katz, *The Race between Education and Technology* (Cambridge, MA: Harvard University Press, 2009), 90.

8. Lesley Chiou e Catherine Tucker, "Search Engines and Data Retention: Implications for Privacy and Antitrust", documento de trabalho nº. 23815, National Bureau of Economic Research, http://www.nber.org/papers/w23815.

9. Google AdWords, "Reach more customers with broad match", 2008.

10. Para uma análise de antitruste e outras implicações em torno dos algoritmos, dados e IA, veja Ariel Ezrachi e Maurice Stucke, *Virtual Competition: The Promise and Perils of the Algorithm-Driven Economy* (Cambridge, MA: Harvard University Press, 2016). Para uma perspectiva sobre a possibilidade de os próprios algoritmos se concentrarem em um único, veja Pedro Domingos, *The Master Algorithm* (Nova York: Basic Books, 2015). Finalmente, Steve Lohr oferece uma visão geral de como as empresas estão investindo preventivamente em dados para ter uma vantagem estratégica; veja Steve Lohr, *Dataism* (Nova York: Harper Business, 2015).

11. James Vincent, "Putin Says the Nation That Leads in AI 'Will Be the Ruler of the World'", *The Verge*, 4 de setembro de 2017, https://www.theverge.com/2017/9/4/16251226/russia-ai-putin-rule-the-world.

12. Os relatos são: (1) Jason Furman, "Is This Time Different? The Opportunities and Challenges of Artificial Intelligence" (comentários em AI Now, New York University, 7 de julho de 2016), https://obamawhitehouse.archives.gov/sites/default/files/page/files/20160707_cea_ai_furman.pdf; (2) Gabinete Executivo do Presidente, "Artificial Intelligence, Automation, and the Economy", dezembro de 2016, https://obamawhitehouse.archives.gov/sites/whitehouse.gov/files/documents/Artificial-Intelligence-Automation-Economy.PDF; (3) Gabinete Executivo do Presidente, Conselho Nacional de Ciência e Tecnologia e o Comitê sobre Tecnologia, "Preparing for the Future of Artificial Intelligence", outubro de 2016, https://obamawhitehouse.archives.gov/sites/default/files/whitehouse_files/microsites/ostp/NSTC/preparing_for_the_future_of_ai.pdf; (4) Conselho Nacional de Ciência e Tecnologia e Subcomitê de Pesquisa e Desenvolvimento de Tecnologia de Informação e Redes, "The National Artificial Intelligence Research and Development Strategic Plan",

outubro de 2016, https://obamawhitehouse.archives.gov/sites/default/files/whitehouse_files/microsites/ostp/NSTC/national_ai_rd_strategic_plan.pdf.

13. Dan Trefler e Avi Goldfarb, "AI and Trade", em Ajay Agrawal, Joshua Gans e Avi Goldfarb, eds., *Economics of AI*, a ser lançado.

14. Paul Mozur, "Beijing Wants AI to Be Made in China by 2030", *New York Times*, 20 de julho de 2017, https://www.nytimes.com/2017/07/20/business/china-arti ficial-intelligence.html?_r=0.

15. "Why China's AI Push Is Worrying", *The Economist*, 27 de julho de 2017, https://www.economist.com/news/leaders/21725561-state-controlled-corporations-are-developing-powerful-artificial-intelligence-why-chinas-ai-push?frsc=dg%7Ce.

16. Paul Mozur, "Beijing Wants AI to Be Made in China by 2030", *New York Times*, 20 de julho de 2017, https://www.nytimes.com/2017/07/20/business/china-artificial-intelligence.html?_r=0.

17. Ibid.

18. Imagem 37 do Impacto da Pesquisa Básica sobre Inovação Tecnológica e Prosperidade Nacional: audiência perante o Subcomitê sobre Pesquisa Básica do Comitê de Ciência, Casa dos Representantes. 160º Congresso, primeira sessão, 28 de setembro de 1999, 27.

19. "Why China's AI Push Is Worrying."

20. Will Knight, "China's AI Awakening", *MIT Technology Review*, novembro de 2017.

21. Jessi Hempel, "How Baidu Will Win China's AI Race — and Maybe the World's", *Wired*, 9 de agosto de 2017, https://www.wired.com/story/how-baidu-will-win-chinas-ai-raceand-maybe-the-worlds/.

22. Will Knight, "10 Breakthrough Technologies — 2017: Paying with Your Face", *MIT Technology Review*, março–abril de 2017, https://www.technologyreview.com/s/603494/10-breakthrough-technologies-2017-paying-with-your-face/.

23. Oren Etzioni, "How to Regulate Artificial Intelligence", *New York Times*, 1º de setembro de 2017, https://www.nytimes.com/2017/09/01/opinion/artificial-intelligence-regulations-rules.html?_r=0.

24. Aleecia M. McDonald e Lorrie Faith Cranor, "The Cost of Reading Privacy Policies", *I/S 4*, nº. 3 (2008): 543–568, http://heinonline.org/HOL/Page?handle=hein.journals/isjlpsoc4&div=27&g_sent=1&casa_token=&collection= journals.

25. Christian Catalini e Joshua S. Gans, "Some Simple Economics of the Blockchain", documento de trabalho nº 2874598, Rotman School of Management, 21 de setembro de 2017, e MIT Sloan Research Paper Nº. 5191-16, disponível em https://ssrn.com/abstract=2874598.

26. Nick Bostrom, *Superinteligência: Caminhos, Perigos, Estratégias* (Dark Side, 2018).

27. Para uma boa discussão recente sobre esse assunto, veja Max Tegmark, *Life 3.0: Being Human in the Age of Artificial Intelligence* (Nova York: Knopf, 2017).

28. "Prepare for the Future of Artificial Intelligence", Gabinete Executivo do Presidente, Conselho Nacional de Ciência e Tecnologia, Comitê sobre Tecnologia, outubro de 2016.

Índice

A

D

E

F

G

H

I

J

K

L

Q

R

S

T

U

V

W

X

Y

Z

ROTAPLAN
GRÁFICA E EDITORA LTDA
Rua Álvaro Seixas, 165
Engenho Novo - Rio de Janeiro
Tels.: (21) 2201-2089 / 8898
E-mail: rotaplanrio@gmail.com